吉川文子
鑄鐵鍋點心食驗室

Vermicular's happy sweets

三悅文化

用鑄鐵鍋製作甜點

距今一年半以前，Vermicular 的琺瑯鑄鐵鍋來到了我家。我第一個拿到的是直徑 18 公分的小鍋子。還記得當時對它的第一印象是：明明是琺瑯鑄鐵製的鍋子，拿起來的感覺卻沒有想像中那麼重！柔和的色調與平滑流暢的手感讓人感覺平靜舒服，我幾乎每天都會用它來煮各式各樣的料理。某天我一時心血來潮，想嘗試用 Vermicular 的鍋子來做法式鹹派。因為它上方比底部稍寬、鍋體又不會太深的形狀似乎很適合鋪上派皮。先鋪上派皮，再加入蔬菜，倒入混合了蛋和牛奶的材料，然後放進烤箱中。結果做出來的法式鹹派不僅好吃得不得了，更引出了蔬菜餡料的鮮甜美味。因為有了這次成功的經驗，我開始產生：「想要用 Vermicular 烘烤更多甜點！」的想法，在多方嘗試的過程中，也證實了 Vermicular 鍋特有的保溫性、氣密性、絕佳的熱傳導以及底部的凸紋設計對於甜點烘焙大有助益。不管是派、蛋糕、餅乾或是布丁，每一種都與平常做的有那麼一點不同……派的口感依然酥脆，可是咬起來的感覺較為柔和，少了尖銳的硬度；還有海綿蛋糕的輕盈細緻，香蕉蛋糕則是保留了果泥的多汁濕潤；餅乾吃起來酥脆爽口得像是沒放很多奶油一樣！再說到布丁和古典巧克力蛋糕那濃郁滑順的滋味……！請用能夠發揮出食材的原味，並且呈現出理想口感的 Vermicular 鑄鐵鍋，享受輕鬆製作甜點的樂趣吧。

吉川文子

（ Vermicular 鑄鐵鍋最適合用來做甜點的原因 ）

高保溫性與氣密性

point_1

其絕佳的保溫性與氣密性可以彌補
家用烤箱即使預熱也容易流失溫
度,或者是熱風太強導致乾燥的缺
點。

鍋底的凹凸紋路

point_2

蒸氣會適度地從麵團（烘焙紙）與
鍋底之間的空隙通過,讓餅乾和派
塔類甜點烤出鬆脆的口感。

使用鍋蓋

point_3

在開始的 10 ～ 15 分鐘之間蓋上
鍋蓋以提高保溫效果並隔絕熱風。
藉由讓麵團膨脹變大的發酵過程,
烤出豐潤飽滿的成品。

Contents

Part 3　填入內餡的派點系列

Part 4　不用烤箱做的甜點

**這本書的
使用方法**

● 1 小匙＝ 5㎖，1 大匙＝ 15㎖，1 杯＝ 200㎖。●記號所表示的是 Vermicular 鍋子的尺寸、加熱溫度（火候大小）與時間長短。材料中表示的是甜點完成的尺寸。●在本書內容中所使用的工具和材料請參閱 P9。●烤箱溫度和烘烤時間以瓦斯烤箱為準。由於加熱方式依機種而異，請一邊觀察一邊做調節。●微波爐的加熱時間是以 600w 為基準。若是以 500w 加熱，請將時間延長為 1.2 倍。

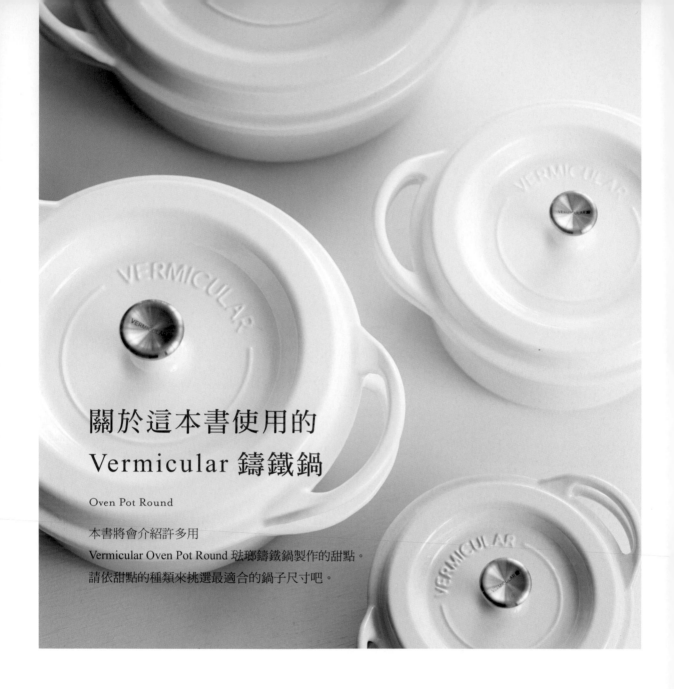

關於這本書使用的
Vermicular 鑄鐵鍋

Oven Pot Round

本書將會介紹許多用
Vermicular Oven Pot Round 琺瑯鑄鐵鍋製作的甜點。
請依甜點的種類來挑選最適合的鍋子尺寸吧。

最適合做甜點的尺寸

Size

適合用來做布丁、舒芙蕾鬆餅及栗子派等小而有高度的甜點。

這個尺寸很適合用來做海綿蛋糕或戚風蛋糕等圓形的烤點心。

用很多水果慢慢燉煮成果醬或糖煮水果時，可以選用22cm 的鍋子。

 SUKIYAKI

適用於較大的蘋果派、蒸蛋糕，以及把好幾個裝入布丁液的杯子放進鍋裡蒸熟的方式。

(柔和典雅的多樣色彩)

Color Lineup

Oven Pot Round 不使用能夠呈現鮮豔色澤的鍋。產品有八
種顏色,其中多是淺淡柔和的色調。光是把這些色調柔和
的鍋子擺在一起,就能讓人感受到幸福。使用能夠讓人感
到幸福的鍋子,才能做出帶來幸福的甜點。

- 米黃色
- 珍珠白
- 珍珠綠
- 石頭色
- 珍珠粉
- 珍珠灰
- 珍珠棕
- 碳黑色

用 Vermicular
做甜點的規則

先來了解
用 Vermicular 鍋做甜點時
應注意的基本規則吧。

① 關於烤箱的設定溫度 與預熱

將 Vermicular 鍋放入烤箱後，還需要花一點時間才能夠讓熱度傳導至整個鍋子，所以在預熱時把設定溫度調高。大約比一般的食譜高 10～20℃ 即可。另外，烤箱的烤盤也需一併預熱，如此更能加快熱能傳導至鍋子的速度。

② 依甜點的種類不同 而打開或蓋上鍋蓋

正因為 Vermicular 有絕佳的密閉性，在開始烹調時蓋上鍋蓋，便可以做出鬆軟綿密的成品，而在中途拿起鍋蓋繼續烘烤，則可以在表面烤出金黃的色澤。根據食譜的不同，也有些甜點從一開始就不需要蓋上鍋蓋，重點在於依不同甜點的種類來靈活運用。

③ 成功使用 烘焙紙的秘訣

鍋底是否鋪放烘焙紙、烘焙紙的大小以及形狀皆取決於麵團的狀態和製作的難易度。請參考食譜中事前準備的內容，正確地區分使用。在 P10～11 有介紹烘焙紙的使用方法。

④ 事先掌握 從鍋中取出甜點的訣竅

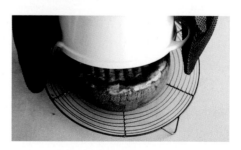

先來了解在 Vermicular 鍋中的甜點烤好之後，在取出時依其種類而有所不同的要訣吧。根據成品的狀態不同，會有蓋上網架把鍋子倒扣再取出，或者連同烘焙紙一起取出等方式。參考食譜的作法可以避免變形走樣。

＊卷末 P94 整理了所有關於本書介紹的食譜中所用的 Vermicular 鍋的尺寸、鋪放在鍋裡的東西、預熱溫度、烘烤溫度、時間、取出方式和保存期限等資料，請參閱。
＊使用 Vermicular 鍋烹調時，請避免使用金屬製廚具。請使用木製或矽膠製的烹調用具。

關於食材　*materials*

以下介紹本書食譜中會用到的食材。
請當作挑選食材的基準。

Egg
雞蛋

使用 M 號蛋。蛋黃 15 ～ 20g，蛋白約 35g。

Weak flour
低筋麵粉

筋性弱的麵粉。使用能夠做出綿軟口感的「特寶笠」果子用粉。

Strong flour
高筋麵粉

筋性強的麵粉。混入低筋麵粉中可做出較扎實的派皮麵團。

Vegetable oil
植物油

太白芝麻油、菜籽油、沙拉油等較沒有特殊氣味的產品。

Granulated sugar
細砂糖

精製度高，呈細小的結晶狀。易溶解，有較為清爽的甜味。

Millet sugar
砂糖

精製度低，一種含有礦物質的砂糖。風味十足且甜味圓潤。

Fresh cream
鮮奶油

牛奶製成的奶油。使用動物性鮮奶油，乳脂肪含量 40% 的產品。

Milk
牛奶

使用成分無調整的牛奶，而非成分調整的產品。

Butter
奶油

請使用無添加食鹽的奶油來烤點心。

Baking powder
發粉

又稱發酵粉。本書中使用的是無鋁發粉。

Plain yogurt
原味優格

使用無糖的原味優格，可提昇口味的層次感和綿密度。

Chocolate
巧克力

做糕點用的，使用方便調理、可可含量 55% 的調溫巧克力（Couverture Chocolate）。

關於工具　*tools*

除了 Vermicular 的鍋子以外還需準備的各種工具。
烘焙紙是不可缺少的。

Stainless steel bowl
不鏽鋼碗

用於混拌材料時的工具。使用直徑 15 ～ 21cm 的不鏽鋼碗。

Whisk
打蛋器

使用長度 24 ～ 27cm，鋼絲的部分較為堅固的產品。

Rubber spatula
橡膠刮刀

使用長度 24cm 的矽膠製品。柔軟富彈性者為佳◎。

Card
刮板

分割、壓平或集中麵團時使用的工具。

Powder sieve
粉篩

使用附把手且網目細密的篩子。糖粉則是使用濾茶網勺來過篩。

Palette knife
抹刀

塗抹奶油或者在抹平表面時使用。

Oven sheet
烘焙紙

鋪在 Vermicular 鍋子內側的墊紙，用來防止麵團沾黏。

Cake cooler
冷卻架

放置剛出爐的烘焙成品以待其冷卻的網架。

Rolling pin
擀麵棍

用來把麵團擀開。長度約 30cm 的擀麵棍較容易使用。

Hand mixer
手持式電動攪拌器

最好選用可以從低速到高速分階段切換的電動攪拌器。

Food processor
食物調理機

用來製作派皮或巴斯克蛋糕的麵團。準備起來輕鬆又省時。

Scissors
剪刀

用來剪切墊在 Vermicular 鍋子裡面的烘焙紙。

如何製作鋪在
Vermicular 鍋內的烘焙紙

來學學怎麼剪裁用 Vermicular 鑄鐵鍋做甜點時不可缺少的烘焙紙吧。

① 剪出缺口

鋪在 Vermicular 鍋內的烘焙紙最常使用的就是這種「剪出缺口的類型」。將烘焙紙對摺兩次後,把外側的直角剪成圓弧狀,並且在邊緣各處剪出缺口,貼合鍋子的形狀鋪放在底部。此種剪裁方式適合麵團較軟或是填入內餡的派點系列。

ex

卡斯特拉戚風蛋糕(P22)／無麵粉古典巧克力蛋糕(P24)／手撕司康餅(P32)／栗子派(P60)／洋蔥培根鹹派(P70)等。

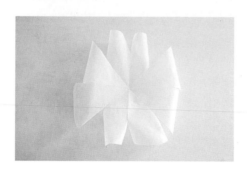

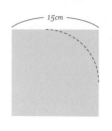

將 30cm 四方形的烘焙紙對摺兩次,然後沿虛線把外側的直角剪成圓弧。

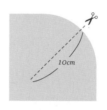

維持對摺的狀態,在圓弧曲線中間從邊緣往中心剪開約 10cm 的切口。

沿著對摺的摺縫剪開,由外往內約 2/3(約 5～6cm)的深度。

--- *How to use the oven sheet* ---

先鋪在鍋子裡

要倒入戚風蛋糕等麵糊之前,先在鍋子底部鋪好烘焙紙。

墊在麵團底下再放入鍋子裡

先在派塔類等麵團下面墊烘焙紙,然後再一起放進鍋子裡。

(MEMO)

準備 30cm、27cm 及 25cm 的四方形烘焙紙。

烘焙紙的大小依 Vermicular 鍋的尺寸或者是甜點本身的高度而不同。26cm 的淺鍋 SUKIYAKI 適合用 30cm 的四方形紙,18cm 適合用 30cm、27cm 或 25cm 的四方形紙,14cm 的 Vermicular 鍋適合用 25cm 的四方形紙。

② 圓形

海綿蛋糕或巴斯克蛋糕等麵糊較為扎實的點心類可使用「圓形烘焙紙」。最好的作法是配合 Vermicular 鍋的尺寸剪成圓形。剪 16cm 的圓形紙用於 18cm 的鍋子，13cm 的圓形紙用於 14cm 的鍋子。

ex

海綿蛋糕（P15）／週末檸檬蛋糕（P20）／巴斯克蛋糕（P34）

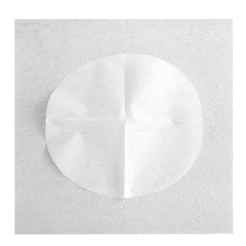

盡量讓圓形烘焙紙貼合鍋底邊緣。

在圓形烘焙紙上填入麵糊，再用湯匙抹平會比較容易操作。

③ 直接使用

也可以把 30cm 四方形的烘焙紙直接拿來使用。例如在做蘋果派時，我比較建議先在派皮底下墊好 30cm 的烘焙紙，等到蘋果派成型之後，再連同烘焙紙一起放入鍋內。這樣既不會走樣變形，而且也方便取出。

ex

蘋果派（P56）

蘋果派成型後，直接拿著烘焙紙邊角平穩地放入鍋內。

(MEMO)

不需要烘焙紙的情況

舉例來說，用鍋子加熱融化奶油、使焦糖凝固再倒入麵糊的翻轉蛋糕、脆皮餡餅或是法式克拉芙緹蛋糕等烤點心、隔水蒸烤的布丁，以及用鍋子直接燉煮的果醬和糖煮水果等，都是不需要烘焙紙的種類。

烘烤類甜點

像是在烤箱裡還有個烤箱般，
用 Vermicular 烤出來的點心帶有獨特的鬆軟綿密口感。

烤點心用的模具和 Vermicular 鍋基本的差異在於具份量
的穩定感，以及優異的導熱特性、高保溫性與氣密性。
一經加熱且熱能傳導至整個鍋體以後，Vermicular 鍋便
會維持預熱的溫度。此外，一開始就蓋上鍋蓋進行加
熱，還可以鎖住蒸氣避免乾燥，保留適度的水分，呈現
柔順綿密的口感。

非常適合當作
烤點心的模具

用 Vermicular 鍋當作烤模來做基本的海綿蛋糕，
其輕盈細密的口感嚐起來令人驚艷。
您絕不能錯過這感動的美味。

海綿蛋糕

預熱 180℃ → 蓋著鍋蓋以 180℃ 烤 10 分鐘 → 拿掉鍋蓋烤 20 分鐘

材料（成品尺寸直徑 16cm 1 個份）

雞蛋 … 3 顆
細砂糖 … 90g
低筋麵粉 … 75g
植物油 … 20g
無鹽奶油（模具用）… 適量

事前準備

◉ 雞蛋置於室溫下退冰。

◉ 低筋麵粉過篩。

◉ 在 Vermicular 鍋子的側面抹上無鹽奶油，並在鍋底鋪上直徑 16cm 剪成圓形的烘焙紙。

◉ 烤箱預熱至 180℃。

作法

1. 把蛋和細砂糖放入調理盆中，以電動攪拌器的高速檔打發（*a*）至體積膨脹且顏色變白，撈起時會呈帶狀往下滴落堆疊而不會馬上攤掉（*b*），接著轉成低速打發約 30 秒。盡量別移動攪拌器，而是移動調理盆（*c*）。

2. 換成刮刀，把低筋麵粉分 4 次加入調理盆內（*d*），每次攪拌約 20 ～ 25 下。攪拌時一邊舀起麵糊，一邊以切過碗中間的方式拌勻，使麵粉均勻混入（*e*）。訣竅在於攪拌約 100 次。

3. 把植物油分 2 次加入調理盆，每次攪拌約 10 下直至完全融入。倒入植物油時，以刮刀承接會更容易拌合（*f*）。

4. 把麵糊倒入 Vermicular 鍋裡之後（*g*），可將鍋子拿起輕敲桌面 2 ～ 3 下讓麵糊中的空氣排出（*h*）再蓋上鍋蓋（*i*）。放在已預熱的烤箱烤盤上，以 180℃ 烤 10 分鐘後，拿掉鍋蓋再烤 20 分鐘。

5. 烤好之後用竹籤插入側面劃過一圈使蛋糕分離（*j*），接著蓋上網架把鍋子倒扣脫模（*k*）。過了 2 分鐘後，再翻面放在網架上冷卻（*l*）。

草莓水果蛋糕

decoration OI

草莓水果蛋糕

烤出漂亮的海綿蛋糕後，
用許多鮮奶油和草莓
裝飾成夢幻般的水果蛋糕。

材料（成品尺寸直徑 16cm 1 個份）

海綿蛋糕（P15）…1 個
草莓…1 盒（20～25 顆）
A｜鮮奶油…250g
　｜細砂糖…20g
　｜櫻桃白蘭地…1 小匙

事前準備

◉ 10 顆草莓先摘掉蒂頭，切成 3 等分薄片（夾心
　用）。剩下的草莓一半留著蒂頭，其他去掉蒂頭
　縱切成一半（裝飾用）。
◉ 將海綿蛋糕水平切 3 等分。

作法

I. 將 A 的材料裝入調理盆中，底部隔著冰水用電
　動攪拌器打到八分發。

2. 把底層的海綿蛋糕放在轉盤上，舀起步驟 I 的
　奶油霜到蛋糕上，用抹刀抹至平整，再擺上一
　半夾心用的草莓，舀起步驟 I 的奶油霜（a）
　抹平（b）。

3. 放上第二層海綿蛋糕，重複步驟 2 的作法，接
　著放上第三層蛋糕。

4. 用抹刀把剩下的 I 塗抹在蛋糕表面及周圍
　（c）。塗抹側面的奶油霜時輕輕掠過表面，
　最好可以隱約看見裡面的蛋糕夾層（d）。

5. 把 4 移到器皿上，然後擺裝飾用的草莓，放入
　冰箱中冷藏至少 30 分鐘。

開心果蛋糕

用 Vermicular 鍋烤出來的海綿蛋糕圓圓
蓬鬆的形狀非常可愛。
這款蛋糕能夠同時享受香甜濃郁的開心
果奶油醬及開心果的口感。

材料（成品尺寸直徑 16cm 1 個份）

海綿蛋糕（P15）…1 個
開心果…20g
【開心果奶油醬】

A　鮮奶油…250g
　　細砂糖…30g
　　櫻桃白蘭地…1 小匙

開心果醬…20g

事前準備

◉ 將開心果切成 2 ～ 3 等分。
◉ 將海綿蛋糕水平切 3 等分。

作法

1. 將 A 的材料裝入調理盆中，底部隔著冰水用電
動攪拌器打到七分發後，再加入開心果醬打到
九分發。

2. 把底層的海綿蛋糕放在轉盤上，取 1/3 份量 1
的奶油霜到蛋糕上，用抹刀抹至平整，讓奶油
霜稍微超出蛋糕的邊緣。

3. 放上第二層海綿蛋糕，重複步驟 2 的作法，
接著放上第三層蛋糕。

4. 用抹刀把剩下的 1 輕輕塗抹在蛋糕表面。

5. 把 4 移至器皿後放入冰箱中冷藏 15 分鐘，最
後撒上開心果。

(MEMO)

在用 Vermicular 鍋烘烤海綿蛋糕時，用一般的乾
粉混合比例也可以做出來，可是很容易做出厚重濕
潤的口感。本書稍微減少了乾粉的比例，能夠最大
限度地享受輕盈細密的口感，而想要烤出蓬鬆的蛋
糕，訣竅就在於把麵糊攪拌均勻，作法請參閱
P15。烘烤完成之後，先放在網架上冷卻，然後依
自己的喜好擠上奶油或擺上水果果仁等，享受裝飾
的樂趣。

Pistachio Short Cake

週末檸檬蛋糕

襯托出檸檬的清爽與奶油糖霜的香甜。

⌈–14cm–⌋ 預熱 180℃ → 蓋著鍋蓋以 180℃ 烤 10
分鐘 → 拿掉鍋蓋以 170℃ 烤 25 分鐘

材料（成品尺寸直徑 13cm 1 個份）

無鹽奶油…100g

細砂糖…80g

雞蛋…2 顆

A ｜ 低筋麵粉…80g
　｜ 發粉…1 小匙

檸檬汁…20g

檸檬皮末…½ 顆

無鹽奶油（模具用）…適量

【檸檬糖漿】

檸檬…½ 顆（35g）

細砂糖…20g

水…20g

【糖霜】

糖粉…55g

檸檬汁…10g

水…適量

事前準備

◉ 雞蛋和奶油置於室溫下退冰。

◉ 將 A 混合過篩。

◉ 在 Vermicular 鍋子的側面抹上模具用的奶油，
並在鍋底鋪上直徑 13cm 剪成圓形的烘焙紙。

◉ 烤箱預熱至 180℃。

◉ 把檸檬糖漿的檸檬切成 3mm 的薄片。

作法

1. 把奶油和細砂糖裝入調理盆中，用電動攪拌器
的高速檔打至輕盈細密的發泡狀態。

2. 打散雞蛋後，慢慢倒入步驟 1 的調理盆內拌
勻。

3. 加入一半的 A，換成刮刀攪拌。在粉粒消失前
加入檸檬汁與檸檬皮，再繼續攪拌，接著加入
剩下的 A 混合均勻。

4. 把步驟 3 倒入準備好的 Vermicular 鍋內並蓋上
鍋蓋。放在已預熱的烤箱烤盤上，以 180℃ 烤
10 分鐘後，拿掉鍋蓋再以 170℃ 烤 25 分鐘。

5. 烤好之後用竹籤插入側面劃過一圈使蛋糕分
離，接著蓋上網架把鍋子倒扣脫模。放在架上
冷卻後裝盤。

6. 製作檸檬糖漿。把食材裝入耐熱容器裡，用微
波爐加熱 2 分鐘後放置冷卻。

7. 製作糖霜。把食材裝入容器中攪拌均勻至黏稠
的狀態，然後用湯匙舀起來淋在裝盤的 5 上面
（a）。先在表面抹開後，用湯匙稍微推落到
側面（b）。

8. 將步驟 6 的四片檸檬擺在 7 的上面。

卡斯特拉戚風蛋糕

（原味＆抹茶）

鬆軟＆綿密的新口感。
為您介紹原味及抹茶兩種口味。

22

-18cm- 預熱 200℃ → 蓋著鍋蓋以 180℃ 烤 10 分鐘 → 拿掉鍋蓋後，原味繼續 烘烤 20 分鐘，抹茶烘烤 25 分鐘

材料（成品尺寸直徑 16cm 各 1 個份）

〈原味〉

A | 蛋黃…3 顆
　| 植物油…40g
　| 細砂糖…50g
　| 水…40g
　| 香草油…少許

蛋白…3 顆
細砂糖…30g

B | 低筋麵粉…90g
　| 發粉…1 小匙

糖粉（裝飾用）…適量

〈抹茶〉

抹茶…1 又 ½ 大匙
細砂糖…65g
水…55g

A | 蛋黃…3 顆
　| 植物油…50g
　| 香草油…少許

蛋白…3 顆
細砂糖…30g

B | 低筋麵粉…80g
　| 發粉…1 又 ⅓ 小匙

抹茶（裝飾用）…適量

事前準備（原味・抹茶）

◉ 將 B 混合過篩。

◉ 先把蛋白放進冰箱冷藏。

◉ 將 30cm 的四方形烘焙紙剪裁好後展開，鋪放在 Vermicular 鍋的底部（剪裁方法與平鋪方法請參閱 P10、11）。

◉ 烤箱預熱至 200℃。

原味口味的作法

1. 把 A 材料依序裝入調理盆中，用打蛋器快速拌勻。

2. 把蛋白裝入另一個調理盆裡，一次加入細砂糖，再以電動攪拌器的高速檔攪拌，製作蛋白霜（meringue）。打發至讓調理盆傾斜時，蛋白霜不會從側面滑落，且舀起時尖角會立起的程度。

3. 取一半份量的 B 加入步驟 1 中用打蛋器拌勻，再加入一半份量的 2（a），用打蛋器畫圈攪拌至出現白色紋路，然後加入剩下的 B，改用刮刀繼續攪拌至粉粒差不多消失，最後把剩下的 2 分 2 次加入並攪拌均勻。

4. 將 3 倒入準備好的 Vermicular 鍋內，撫平表面。可將鍋子拿起輕敲桌面 3 ～ 4 下讓麵糊裡的空氣排出（b），蓋上鍋蓋。

5. 將 4 放在已預熱的烤箱烤盤上，以 180℃ 烘烤 10 分鐘後，拿掉鍋蓋再繼續烘烤 20 分鐘。

6. 烤好之後把蛋糕體連同烘焙紙一起取出，放在網架上散熱後裝盤，並在表面撒上糖粉。

抹茶口味的作法

1. 將抹茶和細砂糖裝入調理盆中用打蛋器拌勻，分 5 ～ 6 次加水拌勻，再依序加入 A 的材料攪拌混合。

2. 依照原味口味的作法 2 ～ 4 做出相同的麵糊，放在已預熱的烤箱烤盤上，以 180℃ 烘烤 10 分鐘後，拿掉鍋蓋再繼續烘烤 25 分鐘。和原味的作法 6 一樣放在網架上散熱之後裝盤，並在表面撒上抹茶。

無麵粉
古典巧克力蛋糕

享受無麵粉蛋糕獨特的濃郁、入口即化
的滋味。

 ─18cm─ 預熱 180℃ → 蓋著鍋蓋以 180℃ 烤 10
分鐘 → 拿掉鍋蓋以 170℃ 烤 20 分鐘

材料（成品尺寸直徑 16cm 1 個份）

巧克力（可可含量 55%）⋯100g
無鹽奶油⋯50g
雞蛋⋯2 顆
細砂糖⋯70g

事前準備

◉奶油和雞蛋置於室溫下退冰。
◉切碎巧克力。
◉將 27cm 四方形的烘焙紙剪裁好後展開，鋪放在
　Vermicular 鍋的底部（剪裁方法與平鋪方法請
　參閱 P10、11）。
◉烤箱預熱至 180℃。

作法

1. 將巧克力裝入調理盆內，隔水加熱融化後從熱
　水中移出，接著加入奶油融化。

2. 把蛋和細砂糖裝入另一個調理盆內，以電動攪
　拌器的高速檔打發至體積膨脹，顏色變白，撈
　起時會呈帶狀往下滴落堆疊的程度，接著轉成
　低速檔打發約 30 秒。

3. 把步驟 1 倒入 2 的調理盆中，改用刮刀攪拌約
　30 下。

4. 將 3 倒入準備好的 Vermicular 鍋內並蓋上鍋
　蓋。放在已預熱的烤箱烤盤上，以 180℃ 烤 10
　分鐘後，拿掉鍋蓋再以 170℃ 烤 20 分鐘。

5. 烤好之後先把整個鍋子放在網架上散熱，待冷
　卻完成後再把蛋糕體連同烘焙紙一起取出。

　※ 這款蛋糕非常容易變形，取出時請小心。

(MEMO)

我用 flourless ＝不加麵粉的方式製作了這款在巧
克力甜點類中很受歡迎的古典巧克力蛋糕。美味的
要訣在於將巧克力液加入打發的蛋液中時，需力道
輕柔並確實做好拌合的動作。因為沒有放麵粉，所
以烤出來的古典巧克力蛋糕會有令人驚豔的纖細輕
盈的口感。放在常溫下的話，嚐起來會有像是慕斯
一樣輕盈的口感；若是放入冰箱冷藏之後再品嚐，
則會變成有如生巧克力那樣濃郁可口的滋味。您絕
不能錯過這款用 Vermicular 鍋做出來的獨特美味。

24

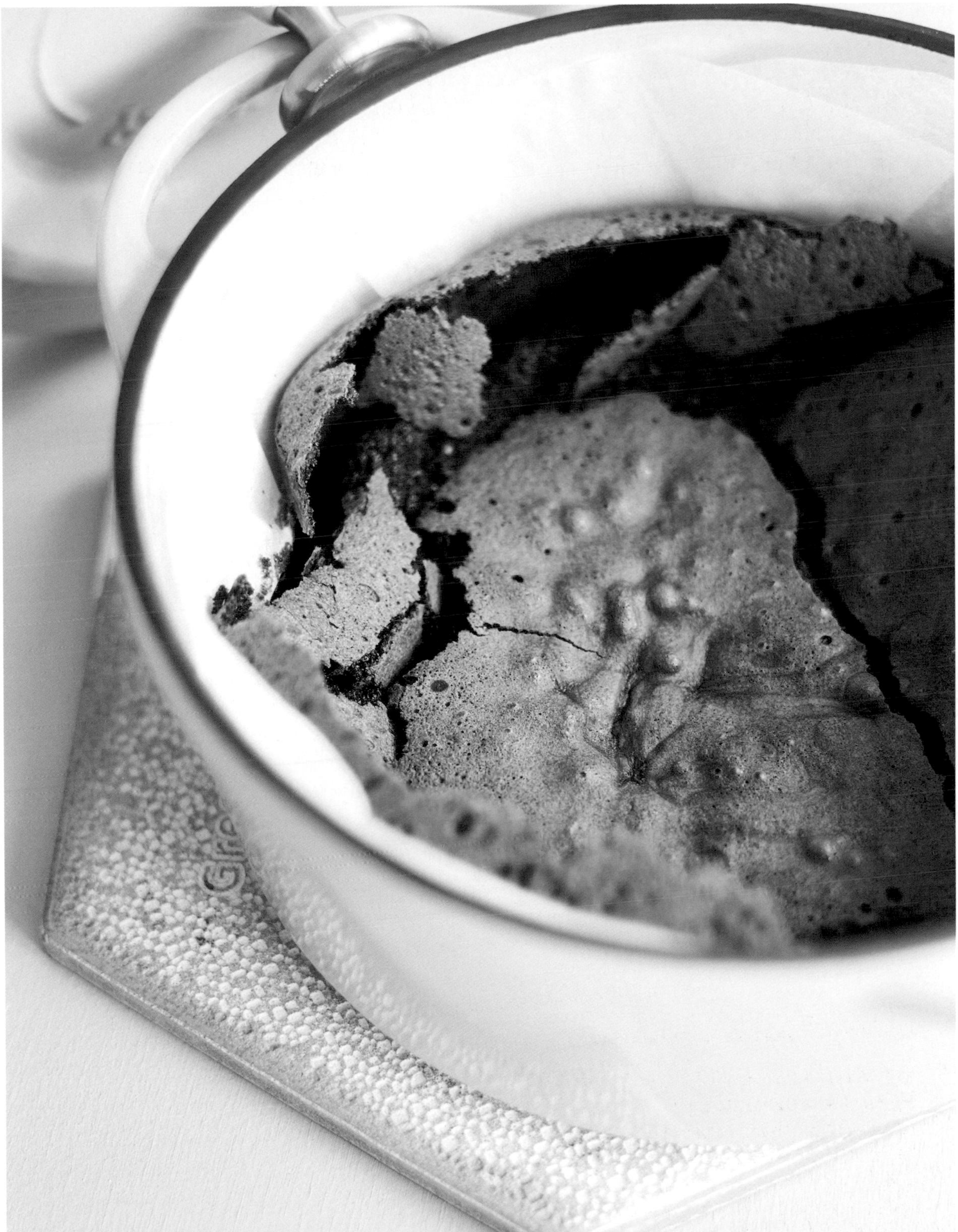

綿軟香甜的香蕉蛋糕

放入許多香蕉，
多汁又香氣撲鼻的蛋糕。

—18cm— 預熱 200℃ → 蓋著鍋蓋以 200℃烤 10 分鐘 → 拿掉鍋蓋以 180℃烤 30 分鐘

材料（成品尺寸直徑 16cm 1 個份）

香蕉…小的 3 根（淨重 200g）
無鹽奶油…70g
細砂糖…70g
雞蛋…1 顆
A ｜ 低筋麵粉…100g
　　 發粉…1 小匙
原味優格…50g
牛奶…50g
肉桂、肉豆蔻（皆為粉）…各少許

事前準備

◉ 奶油和雞蛋置於室溫下退冰。

◉ 把 A 混合過篩。

◉ 香蕉剝皮，縱向對切。一半的量切成 5mm 的薄片後，撒上肉桂粉與肉豆蔻粉並充分搖動混合均勻（麵糊用），另一半保留備用（配料用）。

◉ 將 30cm 四方形的烘焙紙剪裁好後展開，鋪放在 Vermicular 鍋的底部（剪裁方法與平鋪方法請參閱 P10、11）。

◉ 烤箱預熱至 200℃。

作法

1. 把奶油和細砂糖裝入調理盆中，用電動攪拌器的高速檔打至蓬鬆後，把打散的雞蛋慢慢倒入盆內混合均勻。

2. 將優格和牛奶倒入容器內拌勻。

3. 取 1/3 份量的 A 加入步驟 1 中，改用刮刀攪拌，在還看得見粉粒時加入一半份量的 2，攪拌均勻後（b），再加入剩下的一半份量的 A 繼續攪拌，接著依序加入剩下的 2 與剩下的 A，攪拌至還保留一點粉粒的程度。

4. 加入麵糊用的香蕉充分拌勻，倒入準備好的 Vermicular 鍋內。在表面擺上配料用的香蕉（c），最後蓋上鍋蓋。

5. 將步驟 4 的鍋子放在已預熱的烤箱烤盤上，以 200℃烤 10 分鐘後，拿掉鍋蓋以 180℃再烤 30 分鐘。

6. 烘烤完成後把蛋糕體連同烘焙紙一起取出，放在架上冷卻。

(MEMO)

與麵糊混合的香蕉沒有壓成泥，而是當作內餡，所以改用其他水果也可以做出好吃的蛋糕。

26

無花果翻轉蛋糕

焦糖非常適合與柔軟多汁的無花果作搭配。

－18cm－　預熱 200℃ → 蓋著鍋蓋以 200℃ 烤 10 分鐘 → 拿掉鍋蓋以 180℃ 烤 25 分鐘

材料（成品尺寸直徑 16cm 1 個份）

無花果 … 3 顆

【焦糖】

細砂糖 … 60g

水 … 20g

【麵糊】

雞蛋 … 1 顆

砂糖 … 60g

植物油 … 50g

A｜原味優格 … 30g
　｜牛奶 … 30g
　｜香草油 … 少許
　｜蘭姆酒 … 1 小匙

B｜低筋麵粉 … 90g
　｜杏仁粉 … 20g
　｜發粉 … 1 小匙

a

b

c

事前準備

◉ 雞蛋置於室溫下退冰。

◉ 將 B 混合過篩。

◉ 無花果去掉蒂頭，切成 1cm 的薄片。

◉ 烤箱預熱至 200℃。

作法

1. 製作焦糖糖漿。將細砂糖和水裝入一個小鍋子裡，以中火加熱直到變成淺褐色以後，再倒入 Vermicular 鍋中。

2. 待步驟 1 的焦糖冷卻凝固後，把無花果切片擺放在其表面上。把形狀較漂亮的無花果切片擺在第一層，再疊上其餘比較小的切片填滿空隙（a）。

3. 製作麵糊。把蛋打入調理盆中用打蛋器打散，再加入黍砂糖繼續拌勻約 1 分鐘，接著分 3 ～ 4 次加入植物油（b）。每次加入油時都要混合均勻，然後依序加入 A 攪拌直到食材完全融合。

4. 把 B 一次加入步驟 3 中，攪拌到沒有結塊為止（c）。

5. 把 4 倒入步驟 2 的鍋內，蓋上鍋蓋後放在已預熱的烤箱烤盤上，以 200℃ 烘烤 10 分鐘後，拿掉鍋蓋再以 180℃ 繼續烘烤 25 分鐘。

6. 烘烤完成後，連同 Vermicular 鍋一起移到網架上，等稍微放涼後再用竹籤插入側面劃過一圈使蛋糕分離。蓋上一個盤子把鍋子倒扣並上下搖晃，趁溫熱時取出。

（ MEMO ）

依照作法 3 把雞蛋和砂糖仔細攪拌均勻，讓黍砂糖在溶入麵糊的同時也將空氣拌入，口感就會變得輕盈細緻。另外，在加入植物油以後也要繼續攪拌至完全融合，如此便會讓蛋糕嚐起來更加鬆軟綿密。

柳橙檸檬翻轉蛋糕

鋪滿底部的柳橙與檸檬明亮而華麗。
適合拿來當作待客的甜點。

⊂-18cm-⊃ 預熱 200℃ → 蓋著鍋蓋以 200℃烤 10
分鐘 → 拿掉鍋蓋以 180℃烤 30 分鐘

材料（成品尺寸直徑 16cm 1 個份）

柳橙⋯¾顆

檸檬⋯¾顆

無鹽奶油⋯40g

細砂糖⋯50g+20g

【麵糊】

雞蛋⋯1 顆

細砂糖⋯50g

植物油⋯50g

A ｜ 原味優格⋯30g
｜ 牛奶⋯30g
｜ 柳橙皮⋯¼顆份
｜ 檸檬皮末⋯¼顆份

B ｜ 低筋麵粉⋯100g
｜ 發粉⋯1 小匙

事前準備

◉ 雞蛋置於室溫下退冰。

◉ 將 B 混合過篩。

◉ 柳橙和檸檬切成 5mm 厚的切片。

◉ 烤箱預熱至 200℃。

作法

1. 把奶油放入 Vermicular 鍋內以中火加熱，待七成融化時關火，用餘熱融化剩下的奶油（a）。加熱時搖動鍋子，使側面也沾得到奶油。

2. 在步驟 1 中撒入 50g 細砂糖，再擺上柳橙與檸檬（b）。把形狀較漂亮的切片擺在第一層，側面彎摺切片貼緊，然後再疊一層並撒上 20g 細砂糖（c）。

3. 製作麵糊。把蛋打入調理盆中用打蛋器打散，再加入細砂糖繼續拌勻 1 分鐘，接著分 3～4 次加入植物油，每次加入油時都要混合均勻。依序加入 A 攪拌直到食材完全融合。

4. 把 B 的材料一次加入步驟 3 中，攪拌到沒有結塊為止。

5. 把 4 倒入步驟 2 的鍋內，蓋上鍋蓋後放在已預熱的烤箱烤盤上，以 200℃烘烤 10 分鐘，拿掉鍋蓋再以 180℃繼續烘烤 30 分鐘。

6. 烘烤完成後馬上用竹籤插入側面劃過一圈使蛋糕分離，然後蓋上盤子把鍋子倒扣，上下搖晃取出成品。

⌒ MEMO ⌒ ─────────────

如果奶油和細砂糖放太少的話，柳橙和檸檬皮就會產生苦味，所以添加的份量要足夠。

─────────────────────

Upside Down Citrus Cake

baked sweets 08

手撕司康餅

外層酥脆，內裏鬆軟的司康餅也是 Vermicular 鍋
才做得出來的美味。

baked sweets 09

手撕比司吉

不加奶油，使用鮮奶油便能輕鬆做出另
一道美味的比司吉點心。

－18cm－ 預熱 230℃ → 蓋著鍋蓋以 230℃ 烤 10 分鐘 → 拿掉鍋蓋以 210℃ 烤 15 分鐘

材料（成品尺寸直徑 16cm 1 個份）

A | 低筋麵粉、高筋麵粉⋯各 100g
  | 發粉⋯1 又 1/3 小匙
  | 黍砂糖⋯15g
  | 鹽⋯ 1/4 小匙
無鹽奶油⋯70g
B | 雞蛋⋯1 顆
  | 原味優格、牛奶⋯各 40g

事前準備

◉ 奶油切成 1.5cm 的骰子狀，再放進冷凍庫裡 5 分鐘使其變硬。

◉ 將 30cm 的四方形烘焙紙剪裁好後展開，鋪放在 Vermicular 鍋的底部（剪裁方法與平鋪方法請參閱 P10、11）。

◉ 烤箱預熱至 230℃。

作法

1. 先將 A 放入食物調理機內快速拌合，接著加入奶油，攪拌至奶油塊變成紅豆大小的鬆散顆粒狀態。

2. 把步驟 1 移至調理盆內，在中央挖一個凹洞後倒入混合均勻的 B，再用刮板把周圍的粉類撥到中間攪散，約一半的粉類拌入後，繼續以切、拌的方式混合均勻。

3. 直到看不見粉粒之後，把麵團放在撒了手粉（適量）的工作台上，然後用刮板切開、疊起麵團（a），再從上方按壓，重複 5 ～ 6 次這樣的步驟會使成品的剖面形成許多分層。

4. 把麵團分割成 8 等分後用手搓圓，然後一個個排列在準備好的 Vermicular 鍋中（b），蓋上鍋蓋。

5. 把步驟 4 的鍋子放在已預熱的烤箱烤盤上，以 230℃ 烤 10 分鐘後，拿掉鍋蓋以 210℃ 再烤 15 分鐘。

6. 烘烤完成後，把司康餅連同烘焙紙一起取出，放在冷卻架上散熱，最後用手撕開。

－18cm－ 預熱 230℃ → 蓋著鍋蓋以 230℃ 烤 10 分鐘 → 拿掉鍋蓋以 200℃ 烤 15 分鐘

材料（成品尺寸直徑 16cm 1 個份）

A | 低筋麵粉⋯200g
  | 發粉⋯2 小匙
  | 黍砂糖⋯20g
  | 鹽⋯ 1/5 小匙
B | 鮮奶油⋯180g
  | 蜂蜜⋯10g

事前準備

◉ 將 A 混合過篩。

◉ 將 30cm 的四方形烘焙紙剪裁好後展開，鋪放在 Vermicular 鍋的底部（剪裁方法與平鋪方法請參閱 P10、11）。

◉ 烤箱預熱至 230℃。

作法

1. 將 A 裝入調理盆內，在中央挖一個凹洞後倒入混合均勻的 B，再用刮板把周圍的粉類撥到中間攪散，約一半的粉類拌入後，繼續以切、拌的方式混合均勻直到看不見粉粒，然後再用刮板重複切開、疊起麵團再從上方按壓的動作約 5 ～ 6 次。

2. 與手撕司康餅的作法 4、5 相同，把麵團搓成圓形放進 Vermicular 鍋裡後蓋上鍋蓋。以 230℃ 烤 10 分鐘後，拿掉鍋蓋以 200℃ 再烤 15 分鐘。烘烤完成後，把成品連同烘焙紙一起取出，放在冷卻架上散熱，最後用手撕開。

Part 1 ── baked sweets

33

a

b

baked sweets 10

巴斯克蛋糕

柔軟的油酥麵團裡加了杏仁粉，
中間夾著果醬內餡，是法國的傳統甜點。

[－18cm－] 預熱 200℃ → 拿掉鍋蓋
以 170℃ 烤 40 分鐘

材料（成品尺寸直徑 16cm 1 個份）

無鹽奶油…110g（冷藏狀態即可）

細砂糖…110g

鹽…⅙小匙

雞蛋…1 顆

香草油…少許

杏仁粉…20g

A ┃ 低筋麵粉…130g
　 ┃ 發粉…⅓小匙

覆盆子果醬…80g

蛋液、無鹽奶油（模具用）…各適量

事前準備

⊙ 將 A 混合過篩。

⊙ 在 Vermicular 鍋子的底部與側面抹
上模具用的奶油，並在鍋底鋪上直徑
16cm 剪成圓形的烘焙紙。

⊙ 烤箱預熱至 200℃。

作法

1. 將奶油、細砂糖和鹽巴裝入食物調理機攪拌至乳霜狀。

2. 把蛋和香草油加入 1 中，攪拌到變得柔軟滑順。

3. 加入杏仁粉並快速翻拌，接著加入 A，再度攪拌至柔軟的
狀態。

4. 將步驟 3 移入調理盆，取其中 300g 的麵糊填入準備好的
Vermicular 鍋裡，再用湯匙背面輕壓成缽狀，於中央凹陷
處填入覆盆子果醬，撫平表面。

5. 將剩下的麵糊填入步驟 4 的果醬上並抹平表面，然後蓋上
鍋蓋，放入冰箱內冷藏靜置至少 30 分鐘，接著在表面塗
上蛋液，用叉子劃出花紋。

6. 把拿掉鍋蓋的 5 放在已預熱的烤箱烤盤上，以 170℃ 烘烤
40 分鐘。烘烤完成後把整個鍋子移到網架上冷卻，再用
竹籤插入側面劃過一圈使蛋糕分離，再拿一個比蛋糕表面
還小一圈的盤子蓋上，把鍋子倒扣取出成品。

34

baked sweets II

布列塔尼酥餅

布列塔尼風圓形扁平狀，
又有一些厚度的沙布雷酥餅。

-18cm- 預熱 200℃ → 拿掉鍋
蓋以 180℃烤 40 分鐘

材料（成品尺寸直徑 16cm 1 個份）

無鹽奶油···100g

糖粉···60g

鹽···⅕小匙

蛋黃···1 顆

蘭姆酒···1 小匙

A │ 低筋麵粉···120g
　│ 發粉···¼ 小匙

雞蛋···適量

事前準備

⊙ 將 A 混合過篩。

⊙ 將 25cm 的四方形烘焙紙剪裁好後展
　開，鋪放在 Vermicular 鍋的底部（剪
　裁方法與平鋪方法請參閱 P10、11）。

⊙ 烤箱預熱至 200℃。

作法

1. 將奶油、糖粉和鹽放入食物調理機攪拌至呈現乳霜狀，
　 再加入蛋黃攪拌到變得柔軟滑順，接著加入蘭姆酒快速
　 拌勻。加入 A 的材料，再度攪拌至柔軟的狀態。

2. 把步驟 1 填入準備好的 Vermicular 鍋中，用湯匙背面輕
　 壓延展至整個鍋子底部（a），再將麵糊連同烘焙紙一
　 起取出，抹平表面和側面（b），然後包上保鮮膜，放
　 進冰箱靜置至少 1 個小時。拿掉保鮮膜，在表面刷上蛋
　 液並用刀子劃上花紋（c）。

3. 將麵糊連同烘焙紙一起放回 Vermicular 鍋裡，放在已預
　 熱的烤箱烤盤上，以 180℃烘烤 40 分鐘。

4. 烘烤完成後把整個鍋子移到冷卻架上，等放涼後再將成
　 品連同烘焙紙一起取出。

Galette Bretonne

台灣風芝麻餅乾

以台灣的「花生酥」點心為原型，
做出來的芝麻花生粉餅乾。

預熱 180℃ → 拿掉鍋蓋
以 170℃ 烤 35 分鐘

材料（成品尺寸直徑 16cm 1 個份）

芝麻粉…45g

A | 高筋麵粉、玉米粉、
　　細砂糖…各 30g
　　花生粉…15g
　　鹽…1 小撮

植物油…45g

事前準備

⊙ 將 A 混合過篩。
⊙ 將 25cm 的四方形烘焙紙剪裁好後展
　開，鋪放在 Vermicular 鍋的底部（剪
　裁方法與平鋪方法請參閱 P10、11）。
⊙ 烤箱預熱至 180℃。

作法

1. 將 A 與芝麻粉裝入調理盆中，在中央挖一個凹洞倒入植物
   油，再用刮板把周圍的粉類撥到中間攪散，約一半的粉類
   拌入後，繼續以切、拌的方式混合均勻。

2. 直到看不見粉粒之後，重複用刮板切開、疊起麵團的動作
   約 5 ～ 6 次，然後把麵團填入準備好的 Vermicular 鍋裡，
   用手壓平表面。

3. 把步驟 2 的鍋子放在已預熱的烤箱烤盤上，以 170℃ 烤 35
   分鐘。

4. 烘烤完成後把整個鍋子移到冷卻架上，等放涼後再將成品
   連同烘焙紙一起取出，切成喜歡的大小。

(MEMO)

「花生酥」是一種用台灣的落花生做的點心。有如把
花生醬凝固一般香酥可口，是很純樸的烤點心。

脆皮香桃餡餅

一道簡單的美國甜點——
脆皮香桃餡餅。
嘗起來有芳香酥脆的口感。

(—18cm) 預熱 200℃ → 蓋著鍋蓋以 200℃ 烤 10 分鐘 → 拿掉鍋蓋烤 20 分鐘

材料（成品尺寸直徑 16cm 1 個份）

黃桃（罐裝）… 對切的 2 個

A 低筋麵粉…120g
　 黍砂糖…40g
　 發粉…1 小匙
　 肉桂粉…少許

無鹽奶油（麵糊用）…30g
牛奶…100g
無鹽奶油…20g

事前準備

◉ 把 30g 麵團用奶油切成 1.5cm 的骰子狀，再放進冰箱裡 5 分鐘使其變硬。
◉ 黃桃均切成 12 ～ 13 個薄片，再用餐巾紙吸掉多餘的水分。
◉ 將 A 混合過篩。
◉ 烤箱預熱至 200℃。

作法

1. 將 A 裝入調理盆中，加入 30g 麵團用的奶油，用刮板混拌過後，再用手搓揉，使麵團漸漸變成米粒大的顆粒狀（a）。這個步驟也可使用食物調理機來完成。

2. 將牛奶分 3 次加入步驟 1 中，然後用刮板混拌至看不見粉粒，整體變成鬆散的狀態即可（b）。重點在於不要過度攪拌到出筋的程度。麵團看起來水水的也沒關係。

3. 把 20g 的奶油放入 Vermicular 鍋裡，以小火加熱，待奶油融化後關火，再用刮刀把奶油塗到鍋子的側面上。

4. 將 2 的麵糊倒入步驟 3 中，接著鋪上黃桃薄片。蓋上鍋蓋後放在已預熱的烤箱烤盤上，以 200℃ 烘烤 10 分鐘，拿掉鍋蓋後再烘烤 20 分鐘（c）。用蛋糕鏟等分裝的器具插入側面，使烤好的餡餅分離，最後裝盤。

a　　b　　c

Peach Cobbler

隔水蒸烤
的甜點

熱能緩緩在 Vermicular 鑄鐵鍋的周圍流動，
才能實現入口時那軟綿香甜的口感。

想要做出布丁或是起司蛋糕那種濃郁滑順的口感，關鍵在於隔水慢慢地加熱蒸烤。如果直接放在烤盤上烘烤的話，Vermicular 鍋體本身會變熱，使得布丁蛋液或麵糊過度受熱，吃起來就會變得乾澀。利用將 Vermicular 鍋放進熱水的方式來蒸烤，熱能的傳導就會變得較溫和，如此便能慢慢地從周圍開始加熱。

用隔水蒸烤的方式
做出口感柔軟
滑順的甜點

製作布丁類的甜點時，
我會推薦用烤箱蒸烤的方式。
用 Vermicular 的鍋子當作模具，
便能嚐到享受令人感動的濃郁滑順的口感。

因為 Vermicular 鑄鐵鍋
具有絕佳的保溫性,
才能做出特別柔順的口感。

所謂的隔水蒸烤,就是把裝有麵糊的模具放在加了熱水的烤盤上,再用烤箱蒸烤的方式。多用於布丁或起司蛋糕等甜點的製作。把具有高保溫性的 Vermicular 鍋拿來當作模具,就可以嚐到更加鬆軟綿密的獨特口感。

How to_01
把 Vermicular 鍋放在淺盆上

先將餐巾紙鋪在一個淺盆上。把麵糊倒入 Vermicular 鍋裡之後,再放到淺盆上。要點在於隔著一層餐巾紙,使得加熱過程更溫和。

How to_02
放到烤盤上後,注入熱水

烤箱預熱時,烤盤也要一併預熱。將放著 Vermicular 鍋的淺盆移到已預熱的烤盤上,然後將熱水注入淺盆,而非烤盤裡。水的高度貼近淺盆的邊緣。

How to_03
烘烤布丁時,在中途蓋上鍋蓋

在淺盆中注入熱水後,在烘烤布丁時,先不用蓋上鍋蓋,而是直接放進烤箱加熱,之後再蓋上鍋蓋繼續加熱。至於在蒸烤松露巧克力蛋糕或起司蛋糕時,則無須蓋上鍋蓋。

卡士達布丁

卡士達布丁

綿軟香甜的經典款布丁，
微苦的焦糖起到了加分的作用。

預熱 170℃ → 拿掉鍋蓋以 160℃ 烤 25
分鐘 → 蓋上鍋蓋以 150℃ 烤 25 分鐘

材料（成品尺寸直徑 13cm 1 個份）

【布丁液】
雞蛋⋯3 顆
細砂糖⋯60g
牛奶⋯400g
香草油⋯少許
【焦糖】
細砂糖⋯40g
水⋯10g

事前準備

◉烤箱預熱至 170℃。

作法

1. 製作焦糖。把細砂糖和水裝入一個小鍋中以中
火加熱，一邊搖動鍋子使糖的受熱平均，直到
出現焦糖色，接著倒入 Vermicular 鍋裡並搖勻
（a），靜置冷卻至表面凝固。

2. 製作布丁液。把雞蛋打進調理盆中，再加入細
砂糖以打蛋器攪拌至均勻滑順（b）。訣竅在
於攪拌時不要讓打蛋器離開調理盆的底部。

3. 在鍋裡倒入牛奶，以中火加熱至快要沸騰的狀
態，然後慢慢沖入步驟 2 的布丁液中並繼續攪
拌均勻（c）。需注意不要一下子把牛奶全倒
進去，避免結塊。加入香草油拌勻。將布丁液
過濾注入步驟 1 的 Vermicular 鍋中（d）。

4. 用餐巾紙貼在布丁液的表面去除泡沫（e），
再把鍋子放到鋪著餐巾紙的淺盆上。

5. 將步驟 4 放到已預熱的烤箱烤盤上後，在淺盆
裡注入熱水到貼近邊緣的高度。以 160℃ 烤 25
分鐘後，蓋上鍋蓋繼續以 150℃ 烤 25 分鐘。

6. 烘烤完成後取出 Vermicular 鍋，待放涼後再覆
蓋上保鮮膜放入冰箱冷藏 2 小時以上。

44

南瓜布丁

用 Vermicular 的鍋子才能品嚐到的好滋味，
請享用這濃郁甘甜的南瓜布丁。

〔 14cm 〕 預熱 170℃ → 拿掉鍋蓋以 160℃ 烤 25
分鐘 → 蓋上鍋蓋繼續烤 30 分鐘

材料（成品尺寸直徑 13cm 1 個份）

【布丁液】
南瓜…300g
雞蛋…2 顆
A｜黍砂糖…20g
　｜楓糖漿…20g
　｜牛奶…200g
　｜鮮奶油…50g
　｜肉桂粉…少許

【焦糖】
細砂糖…40g
水…10g

事前準備

⊙ 南瓜去籽和內層纖維，切成 5～6cm 的骰子
狀後洗淨，在留著水分的狀態下放進耐熱皿
中，然後包上保鮮膜，以微波爐加熱 4～6
分鐘至用竹籤能輕易穿透的程度。

⊙ 烤箱預熱至 170℃。

作法

1. 製作焦糖。把細砂糖和水裝入一個小鍋裡以
中火加熱，一邊搖動鍋子使糖的受熱平均，
直到出現焦糖色，接著倒入 Vermicular 鍋裡
並搖勻，靜置冷卻到表面凝固的程度。

2. 製作布丁液。南瓜去皮裝入調理盆中，再加
入 A 的材料以手持電動攪拌器拌至均勻滑順
（用食物調理機亦可）。加入打散的蛋液繼
續攪拌，然後過濾注入步驟 1 的 Vermicular
鍋裡。

3. 用餐巾紙貼在布丁液的表面去除泡沫，再把
鍋子放到鋪著餐巾紙的淺盆上。

4. 將步驟 3 放到已預熱的烤箱烤盤上後，在淺
盆裡注入熱水到貼近邊緣的高度。以 160℃
烤 25 分鐘以後，蓋上鍋蓋繼續烘烤 30 分鐘
（參閱 P41）。

5. 烘烤完成後取出 Vermicular 鍋，等稍微放涼
後再包上保鮮膜放入冰箱冷藏至少 2 小時。
用竹籤插入側面劃過一圈使布丁分離，接著
蓋上盤子，把鍋子倒扣並上下搖晃取出成
品。

〔 **MEMO** 〕

這道南瓜布丁充滿了南瓜柔軟黏稠的口感與濃郁甘
甜的滋味，而其美味的關鍵就在於將南瓜蒸到軟
爛。需加熱至插入竹籤能輕易穿透的程度，然後再
搗碎成泥。如果沒有經過充分加熱，就會留下結
塊。在攪拌混合的過程中，建議最好可以使用手持
電動攪拌器或者是食物調理機。將蒸好的南瓜去除
外皮而先不壓成泥，直接與 A 混拌的話，很快就能
攪拌均勻至滑順的狀態。

英國風布丁

餡料豐富的布丁裡面加了香辛料、
蘭姆酒漬水果乾還有果仁類。
不管是熱著吃還是冰過再吃，
都是一樣的美味。

46

預熱 180℃ → 蓋上鍋蓋以 160℃ 烤 40 分鐘 → 拿掉鍋蓋繼續烘烤 30 分鐘

材料（成品尺寸直徑 13cm 1 個份）

雞蛋…1 顆

無鹽奶油…60g

黍砂糖…80g

蜂蜜…15g

A | 麵包粉…50g
  | 杏仁粉…20g
  | 椰絲…40g

B | 低筋麵粉…50g
  | 發粉…1 小匙
  | 肉桂、薑（皆為粉）
  | …各½小匙
  | 丁香、肉豆蔻（皆為粉）…各¼小匙
  | 鹽…1 小撮

【蘭姆酒漬水果乾】

葡萄乾…100g

香蕉…1 根（淨重 100g）

柳橙皮…½顆份

蘭姆酒…40g

【太妃糖醬】 ※ 成品 280g 的份量

鮮奶油…150g

黍砂糖…50g

楓糖漿…50g

無鹽奶油…70g

事前準備

◎ 奶油和雞蛋置於室溫下退冰。

◎ 將 *B* 混合過篩。

◎ 製作蘭姆酒漬水果乾。先把香蕉去皮裝入調理盆中，然後大略壓碎成泥狀，接著加入葡萄乾、蘭姆酒和柳橙皮末一起拌勻。放置 30 分鐘以上，或者最好放置一個晚上。

◎ 將 25cm 四方形的烘焙紙剪裁好後展開，鋪放在 Vermicular 鍋的底部（剪裁方法與平鋪方法請參閱 P10、11）。

◎ 烤箱預熱至 180℃。

作法

1. 將奶油和黍砂糖裝入調理盆中，以電動攪拌器一起打發至蓬鬆狀態後，把打散的雞蛋分 4～5 次加入並繼續攪拌，再加入蜂蜜拌勻。

2. 把 *A* 的材料依序加入步驟 1 的調理盆中，以電動攪拌器拌勻後加入 *B*，改用刮刀繼續攪拌，接著加入蘭姆酒漬水果乾拌勻。

3. 把步驟 2 倒入準備好的 Vermicular 鍋裡，蓋上鍋蓋後，再把鍋子放到鋪著餐巾紙的淺盆上。

4. 將步驟 3 放到已預熱的烤箱烤盤上後，在淺盆裡注入熱水到貼近邊緣的高度。以 160℃ 烤 40 分鐘，拿掉鍋蓋後繼續烘烤 30 分鐘。

5. 烘烤完成後，把布丁連同烘焙紙一起取出，倒放在網架上散熱並撕掉烘焙紙。

6. 製作太妃糖醬。把材料一起裝入鍋內先以大火加熱，待煮滾之後轉小火，並且在以小火～中小火持續加熱的狀態下用打蛋器不停攪拌。維持咕嘟咕嘟地煮滾的狀態 4～5 分鐘，讓糖醬收乾至剩下原本份量的一半之後關火，再倒入另一個碗內，隔冰水攪拌並冷卻。

7. 將步驟 5 烤好的布丁裝盤，並淋上適量的 6。

黑松露巧克力蛋糕

宛如生巧克力般的濃厚風味
與滑嫩的口感。

 預熱 230℃ → 拿掉鍋蓋
以 230℃ 烤 15 分鐘

材料（成品尺寸直徑 16cm 1 個份）

巧克力（可可含量 55%）…100g
無鹽奶油…80g
雞蛋…3 顆
細砂糖…80g
A｜低筋麵粉…70g
　｜可可粉…30g
可可粉（裝飾用）…適量

(MEMO)

想要做出松露巧克力那樣細膩柔滑的口感，關鍵在
於不能過度加熱，也因此，隔水蒸烤才是最恰當的
方式。利用讓 Vermicular 鍋的外側接觸到熱水的
方式以避免溫度過高，如此便能慢慢地從周圍開始
加熱。待烘烤完成之後，再把鍋底浸在冰水中使其
快速冷卻，避免讓餘熱繼續加熱。雖然這款蛋糕的
質地非常柔軟，但因為表面較硬，所以翻面裝盤之
後不會變形。

48

事前準備

◉ 雞蛋置於室溫下退冰。
◉ 切碎巧克力。
◉ 把 A 混合過篩。
◉ 將 27cm 四方形的烘焙紙剪裁好後展開，鋪放在
　Vermicular 鍋的底部（剪裁方法平鋪方法請參
　閱 P10、11）。
◉ 烤箱預熱至 230℃。

作法

1. 將巧克力裝入調理盆內，隔水加熱融化。

2. 把奶油放入一個小鍋子中以中火加熱，待融
　化約八成時關火，用餘熱繼續使之融化。

3. 把蛋和細砂糖裝入另一個調理盆內，以電動
　攪拌器的高速檔打發至體積膨脹且顏色變
　白，撈起時會呈帶狀往下滴落堆疊的程度，
　接著轉成低速檔打發約 30 秒。

4. 把步驟 1 倒入 3 的調理盆中，改用刮刀快速
　拌合，再把 A 的材料分 3 次加入並攪拌均勻。

5. 在還留著粉粒的狀態下加入步驟 2 的融化奶
　油，攪拌至混合物表面帶有光澤，接著倒入
　準備好的 Vermicular 鍋內，再把鍋子放到鋪
　著餐巾紙的淺盆上。

6. 將步驟 5 放到已預熱的烤箱烤盤上後，在淺
　盆裡注入熱水到貼近邊緣的高度。以 230℃
　烤 15 分鐘。

7. 烤好之後將鍋子取出，底部隔著冰水冷卻，
　待稍微變涼後再將蛋糕體連同烘焙紙一起取
　出，翻面放在盤子上。放入冰箱冷藏至少 2
　小時以上，然後再撕掉烘焙紙。最後撒上可
　可粉，切成喜歡的大小。

重乳酪蛋糕

這是一款能帶給人幸福的甜點，
吃得到起司濃郁醇厚的滋味
與滑順的口感。

−18cm−　預熱 190℃ → 拿掉鍋蓋以 190℃ 烤 30 分
鐘 → 以 180℃ 繼續烘烤 15 分鐘

材料（成品尺寸直徑 16cm 1 個份）

【餅乾底】

A	塔皮（P68）、
	或者是市售的餅乾…50g
	無鹽奶油…10g

【乳酪內餡】

B	奶油乳酪…200g
	細砂糖…70g
	雞蛋…1 顆

原味優格…200g

鮮奶油…100g

檸檬汁…10g

玉米粉…15g

事前準備

◉ 將優格倒在鋪著餐巾紙的篩網上，靜置 1 小時
瀝乾水分直到剩下原本份量的一半（100g）。

◉ 將玉米粉過篩。

◉ 將 27cm 四方形的烘焙紙剪裁好後展開，鋪放在
Vermicular 鍋的底部（剪裁方法與平鋪方法請
參閱 P10、11）。

◉ 烤箱預熱至 190℃。

作法

1. 製作餅乾底。把 A 的材料放入食物調理機裡攪
拌至完全融合，然後倒入準備好的 Vermicular
鍋中，在底部整平壓實成厚薄一致的餅乾底。

2. 製作乳酪內餡。把 B 放入食物調理機裡攪拌至
滑順（a），再依序加入水切優格、鮮奶油、
檸檬汁和玉米粉等材料，繼續攪拌均勻。

3. 將 2 的乳酪內餡倒入 1 中（b），放到淺盆上面。

4. 將步驟 3 放到已預熱的烤箱烤盤上後，在淺盆
裡注入熱水到貼近邊緣的高度（c）。以 190℃
烤 30 分鐘，接著以 180℃ 繼續烘烤 15 分鐘。

5. 烤好之後將鍋子取出放涼，然後包上保鮮膜，
放入冰箱冷藏至少 2 小時，接著再把成品連同
烘焙紙一起取出，撕掉烘焙紙和保鮮膜。最後
切成喜歡的大小。

50

a　*b*　*c*

填入內餡的
派點系列

由 Vermicular 鍋的保溫性與鍋底的凹凸紋
所創造出來的酥脆輕盈質地。

用 Vermicular 的鑄鐵鍋所做的內餡派點實在令人驚艷。由於 Vermicular 的鍋體側面由下而上些微地傾斜，而且具有份量與穩定感，因此非常適合用來鋪放派塔皮。此外，Vermicular 鍋的高保溫效果和鍋底的凹凸紋設計還能夠適度地讓派塔在膨脹時產生的蒸汽逸散出去，因此能做出酥脆不油膩的輕盈口感。

酥脆輕盈的派皮
嚐起來令人感動

烘烤派點或法式鹹派的時候，
Vermicular 鑄鐵鍋是最適合的模具。
想必您也能體會入口時酥脆不油膩、
自然輕盈的質地。

pie,tart&quiche 01

疊合派皮

疊合擀製的派皮雖然比較費工夫，卻是
傳統正宗的美味。

材料（成品 440g 的份量）

A	低筋麵粉…160g	無鹽奶油…135g
	高筋麵粉…40g	冰水…80g
	鹽…⅔小匙	

植物油…25g

事前準備

◉ 將 A 混合過篩。

◉ 奶油放在冰箱裡使其變硬。

作法

1. 將 A 裝入調理盆內，加入植物油並用刮刀以切、拌的方式混合（a），然後放入冷凍庫約 10 分鐘左右，接著加入奶油，讓奶油的切面沾滿粉粒，一邊用刮刀（scraper）或刮板切成細塊（b），再把材料混拌至奶油變成約 8mm 的丁塊（c）。需注意不要讓奶油變成太細碎的顆粒，否則不容易形成派皮的分層，接著再放入冷凍庫約 15 分鐘。

2. 在中心挖出凹洞，倒入 2/3 份量的冰水（d），然後用刮板把周圍的粉類撥到中間攪散，再把剩餘的冰水一點點倒入較乾燥的地方（e）。用手按壓使其結合成團（f）。這個步驟的動作需輕柔，以免壓碎奶油塊。將麵團裝入保鮮袋裡並擠出多餘空氣，使封口密合，然後放進冰箱裡冷藏鬆弛（g）。＊包上保鮮膜亦可。

3. 開始第一次的疊合作業。把麵團放在撒了手粉（適量）的工作台上，用擀麵棍均勻輕壓推展（h, i），擀成 40×15cm 的長方形麵皮（j）。把有奶油塊跑出來的地方往內側摺疊（k）。依照後方 1/3、前方 1/3 的順序摺疊，再從上方按壓，讓麵皮摺成三摺（l）。

4. 然後進行第二次的疊合作業。將麵皮轉 90℃ 放在重新撒上適量手粉的工作台上，用擀麵棍壓平推展（m），然後再摺成三摺（n）。

5. 以上步驟結束之後，用手指在麵皮上按壓標記疊合的次數，比較容易理解（o）。裝入保鮮袋中，放進冰箱裡冷藏鬆弛 1 小時。

6. 重複兩次 4 的步驟，和 5 一樣做次數標記以後，再放進冰箱裡冷藏鬆弛 1 小時。

7. 最後再重複一次 4 的步驟，然後放進冰箱裡冷藏鬆弛至少 2 小時。派塔皮就完成了（p）。

蘋果派

pie,tart&quiche 02

蘋果派

用 Vermicular 鑄鐵鍋製作的內餡，
飽含蘋果的甘甜與酸味。
請品嚐它與輕盈派皮的巧妙搭配。

預熱 230℃ → 蓋上鍋蓋以 230℃ 烤 15 分鐘 → 拿掉鍋蓋烘烤 5 分鐘 → 以 200℃ 烤 10 分鐘 → 以 180℃ 烤 25 分鐘

材料（成品尺寸直徑 21cm 1 個份）

疊合派皮（P54）… 全部份量
雞蛋… 適量
【內餡】
蘋果… 3 個（約 600g）
無鹽奶油… 5g
A 細砂糖… 70g
　 檸檬汁… 1 小匙
　 肉桂粉… 少許
蘭姆酒… 1 小匙

a　b

c　d

e　f

58

事前準備

◉ 蘋果去皮去芯，切成 6 ～ 8 等分（視蘋果的大小和軟硬度而定。富士之類較硬的品種切成 12 ～ 16 等分）。
◉ 準備一張 30cm 四方形的烘焙紙。
◉ 烤箱預熱至 230℃。

作法

1. 製作內餡。在 Vermicular 鍋裡加入奶油，以中火加熱至融化後，再放入蘋果一起炒。下 A 的材料，等炒出果汁以後蓋上鍋蓋，以中火燜煮 10 分鐘煮出足夠的果汁後拿掉鍋蓋，繼續燉煮。倒入蘭姆酒，等水分收乾以後把鍋子移到淺盆上冷卻。

2. 將派皮切成 4：5 的比例（a），分別放在撒了適量手粉的工作台上，然後用擀麵棍擀開成 24cm 的四方形和 25cm 的四方形（b）。

3. 將 24cm 四方形的派皮放在準備好的烘焙紙上，接著把步驟 1 的內餡倒在派皮上，在距離邊緣 4cm 的範圍內略微攤平（c）。在邊緣塗上蛋液後，覆蓋上另一塊派皮，再把上下層派皮的邊緣壓緊使之貼合，然後用刀切除邊緣多餘的派皮（d）並向內側摺起變成圓形（e）。直徑約 20cm。

4. 放進冰箱冷藏鬆弛至少 15 分鐘，在表面塗上蛋液並用刀戳幾個洞後，連同底下的烘焙紙一起裝入 Vermicular 鍋內（f），蓋上鍋蓋。

5. 將步驟 4 的鍋子放在已預熱的烤箱烤盤上，以 230℃ 烤 15 分鐘，接著拿掉鍋蓋以 230℃ 烘烤 5 分鐘，再以 200℃ 烤 10 分鐘，最後以 180℃ 烤 25 分鐘。

6. 烘烤完成後將成品連同烘焙紙一起取出，移到網架上冷卻。

整顆蘋果派

做出整顆蘋果圓圓的可愛形狀，
是一道口感酥脆的派點。

預熱 230℃ → 蓋上鍋蓋以 230℃ 烤 15
分鐘 → 拿掉鍋蓋以 200℃ 烤 30 分鐘

材料（1 個份）

疊合派皮（P54）… 140g
蘋果 … 1 個（200g）
雞蛋 … 適量
【內餡】
A 黍砂糖 … 15g
　玉米粉 … 1 小匙
肉桂 … 1 枝

事前準備

◉ 將 25cm 的四方形烘焙紙剪裁好後展開，鋪放
　在 Vermicular 鍋的底部（剪裁方法與平鋪方
　法請參閱 P10、11）。
◉ 烤箱預熱至 230℃。

作法

1. 將蘋果去皮，在去芯時注意不要挖穿底部。
　將大略混合的 A 填入被挖除的部分。

2. 把派皮放在撒了適量手粉的工作台上，用擀
　麵棍擀成直徑 22cm 的圓形，再放到保鮮膜
　上，並在邊緣抹上蛋液。在派皮中間擺上步
　驟 1 的蘋果，然後用保鮮膜把派皮和裡面的
　蘋果包起來（a），沿著邊緣捏皺褶（b）。
　這時先撕開保鮮膜（c）重新包好整體（d），
　接著放進冰箱冷藏鬆弛 30 分鐘。

3. 撕掉保鮮膜後，用牙籤在步驟 2 的表面戳
　7 ～ 8 個小洞並塗上蛋液，接著插上一枝肉
　桂棒。

4. 把步驟 3 的鍋子放在已預熱的烤箱烤盤上，
　以 230℃ 烤 15 分鐘後，再拿掉鍋蓋以 200℃
　繼續烘烤 30 分鐘。

5. 烘烤完成以後，將成品連同烘焙紙一起取
　出，移到網架上散熱。

a *b* *c* *d*

栗子派

用澀皮煮栗子和栗子泥來製作，
可以品嚐到栗子完整的美味。

預熱 230℃ → 蓋上鍋蓋以 230℃ 烤 10 分鐘 → 拿掉鍋蓋以 220℃ 烤 15 分鐘 → 以 190℃ 烤 20 分鐘

材料（成品尺寸直徑 13cm 2 個份）

疊合派皮（P54）…300g
澀皮煮栗子…4 顆
雞蛋…適量
【栗子奶油餡】
栗子泥（市售品）…20g
蛋液…½ 顆
黍砂糖…20g
植物油…20g
杏仁粉…20g
蘭姆酒…1 小匙

事前準備

◉ 將 25cm 的四方形烘焙紙剪裁好後展開，鋪放在 Vermicular 鍋的底部（剪裁方法與平鋪方法請參閱 P10、11）。
◉ 將澀皮煮的栗子剖半。
◉ 烤箱預熱至 230℃。

作法

1. 製作栗子奶油餡。把材料依序裝入調理盆內，用打蛋器拌勻。

2. 把派皮切成 2 等分，放在撒了適量手粉的工作台上，再用擀麵棍分別擀成 18cm 的四方形，接著移到準備好的烘焙紙上。

3. 取步驟 1 一半的份量分別放在兩張派皮上，在距離邊緣 4cm 的範圍內略微攤平，再平均擺上剖半的澀皮煮栗子。在邊緣塗上蛋液，將派皮往內摺包住栗子奶油餡和澀皮煮（a），用手輕輕按壓中心（b）。用保鮮膜包起來後，放進冰箱冷藏鬆弛 30 分鐘。

4. 在步驟 3 的表面塗上蛋液，連同烘焙紙分別裝入 Vermicular 鍋裡並蓋上鍋蓋，放在已預熱的烤箱烤盤上。先以 230℃ 烤 10 分鐘，再拿掉鍋蓋以 220℃ 烤 15 分鐘，最後以 190℃ 烘烤 20 分鐘。如果只有一個 Vermicular 的鍋子，則分成 2 次進行烘烤。

5. 烘烤完成後將成品連同烘焙紙一起取出，移到網架上散熱。

60

a

b

杏桃塔

在塔皮中填滿了杏仁奶油餡的法國傳統甜點。

[−18cm−] 預熱 220℃ → 拿掉鍋蓋以 200℃ 烤 10 分鐘 → 以 180℃ 烤 30 分鐘

材料（成品尺寸直徑 16cm 1 個份）

揉製派塔皮的作法（參照下述內容）…150g
杏桃乾…50g
原味優格…1 大匙
糖粉…適量
【蛋奶醬內餡】
雞蛋…1 顆
細砂糖…50g
杏仁粉…50g
植物油…30g
牛奶…30g
蘭姆酒…1 小匙

事前準備

◉把杏桃剖半，與原味優格混合均勻。
◉準備 2 張 25cm 的四方形烘焙紙。1 張剪裁好後
　展開（剪裁方法與平鋪方法請參閱 P10、11）。
◉烤箱預熱至 220℃。

作法

1. 把麵皮放在 25cm 的四方形烘焙紙上，用擀麵棍擀成直徑 23cm 的圓形。覆蓋上另一張剪裁好的烘焙紙後翻面，再把上面的烘焙紙撕掉。沿著麵皮邊緣往內摺約 1cm 的寬度，然後包上保鮮膜，連同烘焙紙一起放入 Vermicular 鍋內。隔著保鮮膜輕輕按壓麵皮，使之與鍋底和側面貼合，接著放入冰箱冷藏鬆弛 30 分鐘。＊過程照片請參照 P72。

2. 製作蛋奶醬內餡。把材料依序裝入調理盆中，用打蛋器拌勻。

3. 撕掉步驟 1 的保鮮膜，用叉子在底部均勻戳出小洞。撒上準備好的杏桃，然後將步驟 2 的內餡倒入，在表面撒一層糖粉。

4. 將步驟 3 的鍋子放在已預熱的烤箱烤盤上，以 200℃ 烤 10 分鐘，再以 180℃ 烤 30 分鐘。

5. 烘烤完成後，將成品連同烘焙紙一起取出，移到網架上散熱。

【揉合派塔皮的作法】

事前準備

◉ 80g 無鹽奶油切成 1.5cm 的骰子狀，放進冷凍庫裡 5 分鐘使其變硬。

a *b*
c *d*

食材與作法（成品 280g 的份量）

1. 把 150g 低筋麵粉、1/2 小匙鹽和 1 小匙細砂糖放入食物調理機內快速攪拌過（*a*），再放入冷凍過的奶油攪拌至起司粉狀（*b*）。

2. 一次加入打散的蛋液 1 顆份（50g），然後以「開、關、開」的操作方式打到呈現細碎麵團塊狀（*c*）。

3. 將之取出放在撒了適量手粉的工作台上，用刮板重複 3 次切開、疊起麵團的動作（*d*）。無須冷藏鬆弛，馬上平展開也沒關係。

法式布丁塔

以酥脆的塔皮搭配濃稠的卡士達醬，
美味無比。

−18cm− 預熱 220℃ → 拿掉鍋蓋以 200℃ 烤
10 分鐘 → 以 180℃ 烤 30 分鐘

材料（成品尺寸直徑 16cm 1 個份）

揉製派塔皮（P63）…170g
【卡士達醬】
雞蛋…2 顆
細砂糖…60g
玉米粉…15g
牛奶…250g
香草油…少許
蘭姆酒…1 小匙

事前準備

◉將玉米粉過篩。
◉準備 2 張 27cm 的四方形烘焙紙。1 張剪裁好
　後展開（剪裁方法與平鋪方法請參閱 P10、
　11）。
◉烤箱預熱至 220℃。

作法

1. 與 P63 的作法 1 一樣擀開後放入 Vermicular 鍋
　裡，再放入冰箱冷藏鬆弛 30 分鐘。

2. 製作卡士達醬。把蛋和細砂糖裝入調理盆中，
　用打蛋器攪拌，接著加入玉米粉拌勻。

3. 把牛奶倒入鍋子裡以中火加熱至快要沸騰的狀
　態。

4. 將步驟 3 慢慢沖入步驟 2 的調理盆中並充分攪
　拌，再倒回鍋子裡。以中火加熱，同時用打蛋
　器攪拌 1 分半至濃稠的狀態（a）。將卡士達
　醬倒入調理盆中，底部隔著冰水，一邊用刮刀
　攪拌散熱（b），接著加入香草油和蘭姆酒攪
　拌均勻。

5. 拿掉步驟 1 的保鮮膜，用叉子在底部均勻戳出
　小洞，然後倒入步驟 4 的卡士達醬。

6. 將步驟 5 的鍋子放在已預熱的烤箱烤盤上，以
　200℃ 烤 10 分鐘，再以 180℃ 烤 30 分鐘。

7. 烘烤完成後，將整個鍋子一起移到網架上散
　熱，再把成品連同烘焙紙一起取出。

洋梨焦糖芙蘭派

焦糖的卡士達醬與
細膩芳醇的洋梨之間的巧妙搭配。

66

$\Big[-18cm-\Big]$ 預熱 220℃ → 拿掉鍋蓋以 200℃ 烤 10
分鐘 → 以 190℃ 烤 35 分鐘

材料（成品尺寸直徑 16cm 1 個份）

揉製派塔皮的作法（P63）…170g

洋梨（迷你尺寸、罐裝）…3 又 ½ 個

【焦糖卡士達醬】

雞蛋…1 顆

細砂糖…30g ＋ 50g

玉米粉…20g

鮮奶油…50g

牛奶…200g

香草油…少許

事前準備

◉ 將玉米粉過篩。

◉ 將洋梨剖半去籽，再用餐巾紙吸收掉多餘水
　分。

◉ 準備 2 張 27cm 的四方形烘焙紙。1 張剪裁好
　後展開（剪裁方法與平鋪方法請參閱 P10、
　11）。

◉ 烤箱預熱至 220℃。

作法

1. 與 P63 的作法 1 一樣擀開後放入 Vermicular
　鍋裡，再放入冰箱冷藏鬆弛 30 分鐘。

2. 製作焦糖卡士達醬。把蛋和 30g 細砂糖裝入
　調理盆中，用打蛋器攪拌，然後加入玉米粉
　拌勻。

3. 把 50g 細砂糖裝入鍋子裡，以中火加熱直到
　出現焦糖色（a）時關火，然後加入鮮奶油，
　用打蛋器攪拌至完全融合（b），接著倒入
　牛奶並繼續拌勻（c），以中火加熱至快要
　沸騰的狀態。

4. 將步驟 3 慢慢沖入步驟 2 的調理盆中並充分
　攪拌，再倒回鍋子裡。以中火加熱，同時用
　打蛋器攪拌 1 分鐘至變成濃稠的狀態。將焦
　糖卡士達醬倒入調理盆中，底部隔著冰水，
　一邊用刮刀攪拌散熱（d），接著加入香草
　油攪拌均勻。

5. 撕掉步驟 1 的保鮮膜，用叉子在底部均勻戳
　出小洞，然後倒入步驟 4 的焦糖卡士達醬並
　擺上洋梨。

6. 將步驟 5 的鍋子放在已預熱的烤箱烤盤上，
　以 200℃ 烤 10 分鐘，再以 190℃ 烤 35 分鐘。

7. 烘烤完成後，將整個鍋子一起移到網架上散
　熱，再把成品連同烘焙紙一起取出。

pie,tart&quiche 08

格雷伯爵茶太妃糖脆片

將散發格雷伯爵茶香氣的
太妃糖倒在塔皮上所烘焙而成。

[-18cm-] 預熱 190℃ → 拿掉鍋蓋先以
190℃ 烘烤塔皮 15 分鐘 → 倒
入太妃糖醬繼續烘烤 13 分鐘

材料（成品尺寸直徑 16cm 1 個份）

【塔皮】

A	低筋麵粉…60g
	黍砂糖…20g
	鹽…1 小撮
	發粉…1 小撮
B	牛奶…10g
	植物油…25g
	香草油…少許

【太妃糖醬】

格雷伯爵茶包…2 包
熱水、細砂糖…各 50g
鮮奶油…100g
蜂蜜…10g

事前準備

⦿ 將 A 混合過篩。
⦿ 將 25cm 的四方形烘焙紙剪裁好後展
開，鋪放在 Vermicular 鍋的底部（剪
裁方法與平鋪方法請參閱 P10、11）。
⦿ 烤箱預熱至 190℃。

作法

1. 製作塔皮。將 A 裝入調理盆中並在中央挖一個凹洞，倒
入 B 的材料，用打蛋器攪拌至濃稠的狀態，接著用刮板
繼續以切、拌的方式混合均勻。直到幾乎看不見粉粒、
整體變得濕潤柔軟的時候，再用刮板從中間切開、疊
起，並用手輕輕從上方按壓。如此重複 2～3 次後，把
塔皮麵團撕成小塊鋪在準備好的 Vermicular 鍋內，然後
用手塑型推展至貼緊底部，再用叉子均勻戳出小洞。

2. 把步驟 1 放在已預熱的烤箱烤盤上，以 190℃ 烘烤 15
分鐘。

3. 在烘烤塔皮的期間製作太妃糖醬。把茶包放入鍋中，倒
入沸騰熱水後蓋上鍋蓋燜 5 分鐘。加入鮮奶油以中火加
熱煮滾，接著取出茶包，放入細砂糖與蜂蜜。用木匙一
邊攪拌，一邊持續以較弱的中火煮約 5 分鐘，讓水分收
乾到剩下原本 1/4 的量。

4. 把步驟 3 的太妃糖醬淋在 2 的塔皮上，將表面抹至均勻
平整後放進烤箱，以 190℃ 烘烤 13 分鐘，然後把整個
鍋子移到網架上散熱，再把成品連同烘焙紙一起取出，
分切成喜歡的大小。

pie,tart&quiche 09

焦糖杏仁酥餅

柑橘香氣提升了口味的層次，
爽口酥脆的杏仁沙布雷酥餅。

 −18cm− 預熱 190℃ → 拿掉鍋蓋先以 190℃烘烤塔皮 15 分鐘→ 倒入奶醬內餡繼續烘烤 10 分鐘

材料（成品尺寸直徑 16cm 1 個份）

塔皮（P68）⋯1 個份
【奶醬內餡】
細砂糖、蜂蜜、鮮奶油⋯各 30g
柳橙皮 ⋯ ½顆
杏仁片 ⋯ 30g

事前準備

◉ 將 A 混合過篩。
◉ 將 25cm 的四方形烘焙紙剪裁好後展開，鋪放在 Vermicular 鍋的底部（剪裁方法與平鋪方法請參閱 P10）。
◉ 烤箱預熱至 190℃。

作法

1. 依照 P68 的作法 I 製作塔皮。

2. 把步驟 I 放在已預熱的烤箱烤盤上，以 190℃烘烤 15 分鐘。

3. 在烘烤塔皮的期間製作奶醬內餡。把 30g 水、細砂糖和蜂蜜放入鍋中以中火加熱，一邊用木匙攪拌，讓水分收乾到剩下原本一半的份量，接著放入鮮奶油繼續煮 1 分鐘。將鍋子從爐火上移開後放入柳橙皮末和杏仁片，使之均勻裹上奶醬（a）。

4. 把步驟 3 的奶醬淋在 2 的塔皮上，將表面抹至均勻平整（b）。

5. 放進烤箱以 190℃烘烤 10 分鐘，然後把整個鍋子移到網架上散熱，再將成品連同烘焙紙一起取出，分切成喜歡的大小。

a　　b

洋蔥培根鹹派

pie, tart&quiche 10

pie,tart&quiche 11

彩椒生火腿鹹派

洋蔥培根鹹派

用 Vermicular 鑄鐵鍋
便能簡單做出口感酥脆的經典鹹派。

預熱 220℃ → 拿掉鍋蓋以 220℃ 烤
10 分鐘 → 以 190℃ 烤 15 分鐘 → 撒
上百里香繼續烘烤 15 分鐘

材料（成品尺寸直徑16cm 1 個份）

揉製派塔皮（P63）… 200g
百里香 … 2 枝
【鹹奶醬】
雞蛋 … 2 顆
鹽 … ½ 小匙
胡椒 … 少許
鮮奶油 … 100g
牛奶 … 100g
【餡料】
培根（塊）… 80g
洋蔥 … 1 顆（200g）
鹽 … 1 小撮
胡椒 … 少許
沙拉油 … 1 小匙
高筋麵粉 … 1 大匙
（可用低筋麵粉代替）

事前準備

◉ 將培根切成 1.5cm 的骰子狀。洋蔥剝掉外皮，
切成 2mm 的薄片。

◉ 準備 2 張 27cm 的四方形烘焙紙。1 張剪裁好
之後展開（剪裁方法與平鋪方法請參閱 P10、
11）。

◉ 烤箱預熱至 220℃。

作法

1. 把麵皮放在烘焙紙上，用擀麵棍擀成直徑
25cm 的圓形。覆蓋上另一張剪裁好的烘焙
紙後翻面（a），再把上面的烘焙紙撕掉。
沿著麵皮邊緣往內摺約 1cm 的寬度，然後
包上保鮮膜（b），連同烘焙紙一起放入
Vermicular 鍋內（c）。隔著保鮮膜輕輕按壓
麵皮（d），使之與鍋底和側面貼合，接著
放入冰箱冷藏鬆弛 30 分鐘。

2. 沙拉油倒入平底鍋內加熱，先以中火炒培
根，再放入洋蔥拌炒。等到食材表面均勻裹
上沙拉油之後撒鹽和胡椒，炒到洋蔥變軟的
程度。關火，加入高筋麵粉並攪拌至完全融
合。

3. 製作鹹奶醬。把蛋打到調理盆內，加入鹽和
胡椒用打蛋器拌勻。另外把鮮奶油和牛奶裝
入耐熱容器中，用微波爐加熱 1 分 20 秒，
再一起倒入調理盆內攪拌均勻。

4. 撕掉步驟 1 的保鮮膜，用叉子在派皮底部均
勻戳出小洞。填入步驟 2 的餡料後，把步驟
3 的鹹奶醬過篩倒入其中。將鍋子放在已預
熱的烤箱烤盤上，以 220℃ 烤 10 分鐘，再
以 190℃ 烤 15 分鐘，最後撒上百里香，繼
續烘烤 15 分鐘。

5. 烘烤完成後，將整個鍋子一起移到網架上散
熱，再把成品連同烘焙紙一起取出。

彩椒生火腿鹹派

生火腿的鹹與彩椒的甘甜組成了
和在熟食店吃到的鹹派一樣的美味。

$-18cm-$　預熱 220℃ → 拿掉鍋蓋以 220℃ 烤
10 分鐘 → 以 190℃ 烤 30 分鐘

材料（成品尺寸直徑 16cm 1 個份）

麵糊（P63）… 200g
【鹹奶醬】
雞蛋… 2 顆
鹽… ½ 小匙
胡椒… 少許
鮮奶油… 100g
牛奶… 100g
【餡料】
生火腿… 70g
彩椒（紅、黃）… 各 1 個
鹽… 1 小撮
沙拉油… 1 大匙

事前準備

◉ 切除彩椒的蒂頭和籽，把各 3 片紅色彩椒和黃
色彩椒切成 1cm 寬的薄圓圈，其餘切成 5mm
的薄片。

◉ 準備 2 張 27cm 的四方形烘焙紙。1 張剪裁好
之後展開（剪裁方法與平鋪方法請參閱 P10、
11）。

◉ 烤箱預熱至 220℃。

作法

1. 麵皮與 P72 的製作方法 1 一樣，擀開之後放
入 Vermicular 鍋內，接著放在冰箱冷藏鬆弛
30 分鐘。

2. 沙拉油倒入平底鍋內加熱，先以中火拌炒切
成 5mm 寬的彩椒，等到食材表面均勻裹上
沙拉油之後撒鹽，炒到變軟之後關火。

3. 製作鹹奶醬。把蛋打到調理盆內，加入鹽和
胡椒用打蛋器拌勻。另外把鮮奶油和牛奶裝
入耐熱容器中，用微波爐加熱 1 分 20 秒，
再一起倒入調理盆內攪拌均勻。

4. 拿掉步驟 1 的保鮮膜，用叉子在派皮底部均
勻戳出小洞，再把步驟 2 的餡料和生火腿交
錯擺放在派皮上，把步驟 3 的鹹奶醬過濾倒
入其中，並在表面擺上切成薄圓圈的彩椒。
將鍋子放在已預熱的烤箱烤盤上，以 220℃
烤 10 分鐘，再以 190℃ 烤 30 分鐘。

5. 烘烤完成後，將整個鍋子一起移到網架上散
熱，再把成品連同烘焙紙一起取出。

（ MEMO ）

比較方便的作法是將放進 Vermicular 鍋內的派皮
直接放入冰箱冷凍，等到派皮變硬以後，再連同烘
焙紙一起取出，包上保鮮膜冷凍保存。需要烘烤時
撕掉保鮮膜，在未解凍的狀態下連同烘焙紙一起放
進 Vermicular 鍋內，然後填入餡料與奶醬，如此
一來就只剩下簡單的烘烤步驟了。

Paprika and Ham Quiche

馬鈴薯鹹派

盡情品嚐用 Vermicular 鍋
做出鬆鬆軟軟又熱呼呼的
馬鈴薯的甘甜滋味。

 —18cm— 預熱 220℃ → 拿掉鍋蓋以 220℃ 烤 10 分鐘 → 以 190℃ 烤 30 分鐘

材料（成品尺寸直徑 16cm 1 個份）
揉製派塔皮（P63）… 200g
【鹹奶醬】
雞蛋… 2 顆
鹽… ½ 小匙
胡椒… 少許
鮮奶油… 100g
牛奶… 100g
【餡料】
馬鈴薯… 3 個
鹽… ½ 小匙
沙拉油… 1 小匙

事前準備

◉ 馬鈴薯去皮，切成 5mm 厚的切片。
◉ 準備 2 張 27cm 的四方形烘焙紙。1 張剪裁好
之後展開（剪裁方法與平鋪方法請參閱 P10、
11）。
◉ 烤箱預熱至 220℃。

作法

1. 麵皮與 P72 的製作方法 1 一樣，擀開之後放
入 Vermicular 鍋內，接著放在冰箱冷藏鬆弛
30 分鐘。

2. 把馬鈴薯、鹽和沙拉油放入耐熱容器中，包
上保鮮膜後用微波爐加熱 3 分鐘，接著倒在
篩網上瀝乾，再用餐巾紙吸掉多餘水分。

3. 製作鹹奶醬。把蛋打到調理盆內，加入鹽和
胡椒用打蛋器拌勻。另外把鮮奶油和牛奶裝
入耐熱容器中，用微波爐加熱 1 分 20 秒，
再一起倒入調理盆內攪拌均勻。

4. 拿掉步驟 1 的保鮮膜，用叉子在派皮底部均
勻戳出小洞，再把步驟 2 的餡料鋪在派皮
上，把步驟 3 的鹹奶醬過濾倒入其中。將鍋
子放在已預熱的烤箱烤盤上，以 220℃ 烤 10
分鐘，再以 190℃ 烤 30 分鐘。

5. 烘烤完成後，將整個鍋子一起移到網架上散
熱，再把成品連同烘焙紙一起取出。

(MEMO)

鹹派是以蛋奶液搭配各種餡料所烘焙而成，用
Vermicular 鍋做的鹹派，其蔬菜的鮮甜美味特別
令人印象深刻。烹煮後使蔬菜更加美味本來就是
Vermicular 鑄鐵鍋的強項，而這點在做鹹派料理
時也發揮出來了。譬如說，把微波爐加熱調理過的
馬鈴薯填入內餡，再送進烤箱烘烤之後，便能做出
熱呼呼且馬鈴薯的香氣撲鼻的鹹派，而且同樣適用
於其他蔬菜。它也充分引出了彩椒或洋蔥等蔬菜的
甜味，做出令人難以抗拒的經典鹹派料理。

74

pie,tart&quiche 13

咖哩蛋鹹派

難以想像只是把生蛋打在派皮上就能做出這
樣令人驚豔的外觀和美味。

材料（成品尺寸直徑 16cm 1 個份）

揉製派塔皮（P63）⋯200g

孜然、薑黃、辣椒（皆為粉）

　等香辛料⋯各適量

【鹹奶醬】

雞蛋⋯2 顆

咖哩塊⋯25g

牛奶⋯200g

【餡料】

雞蛋⋯3 顆

披薩用起司⋯30g

事前準備

⦿ 將咖哩塊切碎。

⦿ 準備 2 張 27cm 的四方形烘焙紙。1 張
　剪裁好之後展開（剪裁方法與平鋪方法
　請參閱 P10、11）。

⦿ 烤箱預熱至 220℃。

作法

1. 麵皮與 P72 的作法 1 一樣擀開後放入 Vermicular 鍋內，
接著放在冰箱冷藏鬆弛 30 分鐘。

2. 製作鹹奶醬。把咖哩塊和牛奶裝入耐熱容器中，用微波
爐加熱 2 分鐘後，再用打蛋器攪拌均勻，接著再加熱 1
分鐘並繼續拌勻至煮沸且變得濃稠的程度。把咖哩醬分
次慢慢倒入打散的蛋液裡並攪拌至完全混合。

3. 拿掉步驟 1 的保鮮膜，用叉子在派皮底部均勻戳出小
洞，再打進 3 顆蛋（a），然後把步驟 2 的鹹奶醬倒入
其中蓋過蛋黃。將鍋子放在已預熱的烤箱烤盤上，以
220℃ 烤 10 分鐘，再以 200℃ 烤 15 分鐘，最後撒上起司，
以 180℃ 烘烤 15 分鐘。

4. 烘烤完成後，將整個鍋子一起移到網架上散熱，再把成
品連同烘焙紙一起取出裝盤，撒上香辛料。

76

pie,tart&quiche 14

菠菜鮭魚鹹派

酥脆派皮 & 濃郁卻不油膩的口感，
讓人無比滿足的鹹口味派點。

材料（成品尺寸直徑 16cm 1 個份）

揉製派塔皮（P63）⋯200g

蒔蘿⋯適量

【鹹奶醬】

雞蛋⋯2 顆

鹽⋯½小匙

胡椒⋯少許

鮮奶油、牛奶⋯各 100g

【餡料】

煙燻鮭魚⋯70g

菠菜⋯1 把

鹽⋯¼小匙

沙拉油⋯2 小匙

酸奶油⋯50g

事前準備

◉ 將菠菜切成 5cm 的小段。

◉ 準備 2 張 27cm 的四方形烘焙紙。1 張
剪裁好之後展開（剪裁方法與平鋪方法
請參閱 P10、11）。

◉ 烤箱預熱至 220℃。

作法

1. 麵皮與 P72 的作法 1 一樣擀成圓形後放入 Vermicular
鍋內鋪平，再放進冰箱冷藏鬆弛 30 分鐘。

2. 沙拉油倒入平底鍋內加熱，先以大火炒菠菜，然後撒
鹽，等到食材變軟後關火，倒在篩網上瀝乾，並且用
餐巾紙吸掉多餘水分。

3. 製作鹹奶醬。把蛋打到調理盆內，加入鹽和胡椒用打
蛋器拌勻。另外把鮮奶油和牛奶裝入耐熱容器中，用
微波爐加熱 1 分 20 秒後一起倒入調理盆內攪拌均勻。

4. 拿掉步驟 1 的保鮮膜，用叉子在派皮底部均勻戳出小
洞，然後把步驟 2 的菠菜和煙燻鮭魚交錯擺在派皮上
面，並在鋪滿的餡料之間拌入酸奶油，再把步驟 3 的
鹹奶醬過濾倒入其中。將鍋子放在已預熱的烤箱烤盤
上，以 220℃ 烤 10 分鐘，接著以 190℃ 繼續烘烤 30
分鐘。

5. 烘烤完成後，將整個鍋子一起移到網架上散熱，再把
成品連同烘焙紙一起取出裝盤，撒上蒔蘿。

Spinach and Salmon Quiche

不用烤箱做的甜點

用蒸、煮、烤或是蒸烤等方法
製作 Vermicular 獨有的極品甜點。

即使沒有烤箱,只是把 Vermicular 放在家用爐上加熱,
也能享用非常美味的甜點。尤其是果醬和糖煮水果,更
能引出水果本身的甜味;拿來當作蒸鍋使用的話,也可
以輕鬆做出濃郁滑順的美味布丁和蒸蛋糕等點心。不僅
如此,還可以做鬆餅或者是克拉緹蛋糕,簡直美好得
像做夢一樣。Vermicular 擁有無限的可能性。

不用烤箱也能享用的甜點

即使是家裡沒有烤箱或者是不常用烤箱的人，
只要有了 Vermicular 鑄鐵鍋，
直接放在瓦斯爐上加熱就可以做出好吃的甜點了。
請品嚐這輕鬆便能做出來的極品美味。

用蒸、煮、烤或是蒸烤等烹調方法。
直接放在爐子上也可以烹煮出
鬆軟綿密的美味點心。

發揮 Vermicular 鑄鐵鍋的高保溫性與鍋蓋的密閉性等優點，也很推薦直接用瓦斯爐烹煮來做甜點的方式。利用蒸、煮、烤或是蒸烤等方式來做甜點是 Vermicular 的強項。請注意火候和水量，也可用計時器來控制加熱時間。

Point_01
仔細看過食譜，做好事前準備

用爐火烹調甜點時，根據食譜的不同，所需的事前準備也會不一樣。例如，用蒸、烤、蒸煮或是煮等各種烹調方式，鋪在鍋子裡的東西也會有鋁箔紙、烘焙紙、餐巾紙，甚至什麼都不鋪的變化，所以在開始烹調前請一定要仔細看過食譜內容並做好事前準備。

Point_02
注意控制火候大小

用爐火烹調甜點時，最重要的就是「火候」。Vermicular 鑄鐵鍋只能使用「小火」和「中火」2 種火候。小火大約是幾乎沒碰到鍋底的微弱程度，中火則是接觸到鍋底一半面積的程度。請注意控制好火候，否則恐怕會造成鍋子損傷或是容易讓甜點燒焦。

Point_03
利用計時器做好時間管理

和烤箱比起來，用爐火烹調更需注意火候的控制以及加熱時間。按照食譜裡的加熱時間設定好計時器。只要做好正確的時間管理，就不必擔心燒焦的問題了。另外，爐子的種類不同，火候大小也略有差異，因此除了做好時間管理外，靠自己的眼睛檢查烹煮狀態也很重要。

Point_04
除了果醬和糖煮水果以外，
蓋子都要完全蓋上

製作果醬和糖煮水果的時候，不必蓋上鍋蓋，維持咕嘟咕嘟的狀態熬煮即可。除此之外，用爐火烹調甜點的訣竅都在於將鍋蓋完全蓋上。尤其是布丁和蒸蛋糕之類的蒸煮調理方式，為了避免蒸氣逸出，更要用毛巾把鍋蓋內側包覆起來，再從手把孔隙間穿過，綁在上面以後（請參閱 P84）再蓋上鍋蓋。

濃郁滑順布丁

櫻桃克拉芙緹蛋糕

濃郁滑順布丁

具備高保溫性的 Vermicular
才能實現這入口即化、
細嫩柔軟的口感。

[-26cm-] 蓋上包覆毛巾的鍋蓋以小火蒸煮
IO 分鐘→關火繼續燜 I5 分鐘

SUKIYAKI

材料（70㎖的容器 5 個份）

蛋黃⋯ 4 顆
蜂蜜⋯ 20g
細砂糖⋯ 20g
牛奶⋯ 400g
香草油⋯ 少許
楓糖漿⋯ 適宜

事前準備

◉ 把 Vermicular 的鍋蓋用毛巾包起來（*a*），需
將鍋蓋內側全部包覆（*b*）。

作法

I. 把蛋黃倒入調理盆內，加入蜂蜜和細砂糖用
打蛋器攪拌至混合均勻。

2. 在鍋裡倒入牛奶以中火加熱至快要沸騰的狀
態，然後慢慢加入步驟 I 的蛋液並繼續拌
勻，再加入香草油攪拌並過濾。用餐巾紙貼
在布丁液的表面去除泡沫後，平均注入每個
容器中。

3. 在 Vermicular 鍋中倒入 900㎖的水並以中火
加熱，待沸騰後在底部放一張較厚的餐巾
紙。空出中間的地方，把步驟 2 裝著布丁液
的容器擺入鍋內。

4. 緊密地蓋上準備好的鍋蓋以小火加熱 10 分
鐘，關火之後再繼續燜 15 分鐘。

5. 取出容器。等到放涼之後，放進冰箱冷藏至
少 1 小時。

6. 依照自己喜歡的甜度淋上楓糖漿。

a

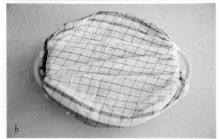

b

84

櫻桃
克拉芙緹蛋糕

藉由 Vermicular 的保溫效果，
就算沒烤箱也能製作這道簡單的甜點。

 —18cm— 蓋上包覆毛巾的鍋蓋以小火蒸煮 15 分鐘 → 撒上櫻桃，蓋上鍋蓋以小火蒸煮 5 分鐘 → 關火後繼續燜 10 分鐘

材料（成品尺寸直徑 16cm 1 個份）

美國櫻桃（罐裝）… ½ 罐

A ｜ 低筋麵粉… 20g
　｜ 杏仁粉… 15g

雞蛋… 2 顆
細砂糖… 40g
牛奶… 200g
香草油… 少許
櫻桃白蘭地… 1 小匙
無鹽奶油（模具用）、
　細砂糖（模具用）、糖粉… 各適量

事前準備

◉ 將 A 混合過篩。
◉ 將櫻桃放在篩網上，再用餐巾紙吸乾多餘的水分。
◉ 在 Vermicular 鍋子的側面抹上模具用的奶油，撒上細砂糖並抖掉多餘的份量。
◉ 把 Vermicular 的鍋蓋用毛巾包起來，需將鍋蓋內側全部包覆（參閱 P84）。

作法

1. 將 A 的材料裝入調理盆中，在中央挖一個凹洞。

2. 把蛋打到另一個碗裡，用打蛋器打散，再放入細砂糖拌勻。牛奶倒入耐熱容器中，用微波爐加熱 1 分鐘，然後慢慢倒入碗裡攪拌混合。

3. 把步驟 2 一點一點地沖入步驟 1 的凹洞裡，一邊用打蛋器攪拌，接著放入香草油和櫻桃酒拌勻、過濾。

4. 把步驟 3 的麵糊倒入準備好的 Vermicular 鍋中，緊密蓋上包好毛巾的鍋蓋後，以小火加熱 15 分鐘。

5. 在麵糊表面均勻撒上櫻桃，蓋上鍋蓋，以小火加熱 5 分鐘之後關火，繼續燜 10 分鐘。最後撒糖粉。

(MEMO)

克拉芙緹蛋糕是一款傳統法式甜點，由混合了蛋、牛奶和麵粉的麵糊加上一點水果所烘烤而成。作法非常簡單，只是攪拌麵糊，把麵糊倒入 Vermicular 鍋裡再撒上水果，然後放到爐子上而已。這次介紹的是傳統上會使用的黑櫻桃，不過改放香蕉、葡萄或是其他莓果類也很好吃，和 P56 的蘋果派食譜所製作的蘋果內餡，以及紅酒風味的糖煮黑棗也是絕配。請自由地做各種嘗試，享受製作克拉芙緹蛋糕的樂趣吧。

舒芙蕾鬆餅

把綿密蓬鬆、入口即化的鬆餅
當作早餐或是點心享用。

 中火預熱 30 秒→蓋上鍋蓋以小火烹
煮 6 分鐘→關火繼續燜 5 分鐘→翻
面，蓋上鍋蓋以小火烹煮 3 分鐘

材料（成品尺寸直徑 10cm，高 3cm 1 個份）

A | 蛋黃⋯1 顆
  | 植物油⋯10g
  | 牛奶⋯20g
  | 細砂糖⋯10g
蛋白⋯1 顆
細砂糖⋯10g
B | 低筋麵粉⋯20g
  | 發粉⋯¼小匙
楓糖漿、蜂蜜
   或者是太妃糖醬（P47）⋯適宜

事前準備

◉ 將 B 混合過篩。

◉ 先將蛋白放置冰箱冷藏。

◉ 準備 2 張 25cm 的四方形烘焙紙，剪裁好後展
開（剪裁方法與平鋪方法請參閱 P10、11）。

作法

1. 把 A 的材料依序裝入調理盆中，用打蛋器快
   速攪拌均勻。

2. 蛋白裝入另一個碗裡，一次加入所有細砂
   糖，再用電動攪拌器的高速檔攪拌，製作蛋
   白霜（meringue）。打發至讓調理盆傾斜時，
   蛋白霜不會從側面滑落，且舀起時尖角會立
   起的程度。

3. 取一半份量的 B 加入步驟 1 中用打蛋器拌
   勻，再加入一半份量的 2，繼續用打蛋器攪
   拌，然後加入剩下的 B，改用刮刀繼續攪拌
   至粉粒差不多消失的程度，最後把剩下的 2
   分 2 次加入並攪拌均勻。

4. 把 Vermicular 鍋放在爐子上以中火加熱 30
   秒後關火（a），接著把 1 張準備好的烘焙
   紙鋪在鍋子裡。鋪放時請小心避免燙傷。

5. 將 3 倒入步驟 4 的 Vermicular 鍋內（b），
   蓋上鍋蓋以小火烹煮 6 分鐘後，關火繼續燜
   5 分鐘。

6. 拿起鍋蓋後，如果鬆餅已經熟到能夠連同烘
   焙紙一起被拿起來的話就先取出，撕開側面
   的烘焙紙，接著覆蓋上另一張紙，用手支撐
   著翻面，然後把上層的紙撕掉。

7. 將步驟 6 和新的烘焙紙一起放回 Vermicular
   鍋裡，蓋上鍋蓋以小火加熱 3 分鐘。最後慢
   慢撕掉烘焙紙並裝盤，淋上自己喜歡的糖
   漿、蜂蜜等醬料。

oven free sweets 04

蒸蛋糕（原味＆抹茶）

嚐起來軟綿綿又有彈性的口感，
也是用 Vermicular 鑄鐵鍋才能做出來的好味道。

蓋上包覆毛巾的鍋蓋
以中火蒸煮 15 分鐘

SUKIYAKI

材料（直徑 7cm 的布丁杯 各 6 個份）

〈原味〉

雞蛋…1 顆

砂糖…50g

植物油…30g

牛奶…50g

A │ 低筋麵粉…100g
  │ 發粉…1 小匙

〈抹茶〉

抹茶…1 大匙

砂糖…50g

牛奶…50g

植物油…30g

雞蛋…1 顆

A │ 低筋麵粉…90g
  │ 發粉…1 小匙

水煮紅豆…50g

事前準備（原味·抹茶）

◉ 將雞蛋放置空溫下退冰。

◉ 將 A 混合過篩。

◉ 準備 3 張 25×23cm 的鋁箔紙。2 張摺出皺褶。在 Vermicular 鍋裡倒入 600 ml 的水，再放入 2 張有皺褶的鋁箔紙，然後在上面疊剩下的 1 張鋁箔紙。

◉ 在布丁杯裡放入馬芬用的紙杯。

◉ 把 Vermicular 的鍋蓋用毛巾包起來，需將鍋蓋內側全部包覆（參閱 P84）。

原味蒸蛋糕的作法

1. 把蛋打入調理盆中用打蛋器打散，再加入黍砂糖繼續拌勻約 1 分鐘。

2. 分次少量加入植物油，同時攪拌均勻，然後加入牛奶並繼續攪拌。

3. 一次加入 A 的材料，從中心用打蛋器攪拌到沒有粉粒結塊為止，接著平均倒入準備好的布丁杯裡。

4. 把準備好的 Vermicular 鍋放在爐子上以中火加熱，等到沸騰之後把步驟 3 一個個排列在鍋裡，緊密蓋上包好毛巾的鍋蓋蒸煮 15 分鐘。期間須保持有蒸汽不斷噴出的狀態。

5. 取出布丁杯，再把馬芬用紙杯裝著的蒸蛋糕取出。

   ＊進行 4、5 的步驟時，請使用隔熱手套或是工作手套，以免燙傷。

抹茶蒸蛋糕的作法

1. 將抹茶和黍砂糖裝入調理盆中用打蛋器混合均勻，然後分次少量倒入牛奶，繼續攪拌均勻至滑順的狀態。

2. 依序放入植物油和打散的蛋，攪拌均勻後一次加入 A 的材料，從中心用打蛋器攪拌到所有食材混合均勻。

3. 等到看不見粉粒之後，取一半份量的麵糊平均裝入準備好的布丁杯裡，接著平均裝入紅豆餡，再平均裝入剩下的麵糊。

4. 與原味蒸蛋糕的作法 4 ～ 5 一樣蒸煮後取出。

香蕉椰奶果醬

添加了椰奶，因此變成充滿南國風味、
口味溫和圓潤的果醬。

 拿掉鍋蓋以小火煮 13 ～
15 分鐘

材料（成品 400g 份）

香蕉…3 根（淨重 300g）
椰奶…100g
黍砂糖…100g
無鹽奶油…80g

事前準備

◉ 香蕉剝皮，切成 2mm 厚的薄片。

作法

1. 奶油放入 Vermicular 鍋裡，以中火加熱至融
化後，放入香蕉拌炒。

2. 等香蕉煮到形狀變得圓滑以後，放入黍砂
糖，用木匙一邊攪拌，一邊加熱煮至沸騰。

3. 加入椰奶，把香蕉壓成泥，同時以小火熬煮
13 ～ 15 分鐘至鍋裡的果醬變得濃稠。

4. 關火，等到放涼後，再用手持電動攪拌器把
果醬打成果泥狀。

5. 將成品裝入經煮沸殺菌過的玻璃瓶中，關緊
蓋子。

紅酒無花果果醬

用與無花果很搭配的紅酒
慢慢熬煮而成。

22cm 拿掉鍋蓋以小火煮 15
分鐘

材料（成品 380g 份）

無花果…1 盒（3 ～ 4 個）
檸檬汁…1 小匙
細砂糖…150g
紅酒…60 g

事前準備

◉ 無花果去掉蒂頭，縱切成 4 ～ 6 等分（淨重
370g）。

作法

1. 將無花果、檸檬汁和細砂糖裝入 Vermicular
鍋裡，一邊用木匙按壓出水分。

2. 倒入紅酒以中火加熱，等到沸騰後把鍋中的
浮沫撈除乾淨，一邊攪拌一邊以小火熬煮
15 分鐘。

3. 將成品裝入經煮沸殺菌過的玻璃瓶中，關緊
蓋子。

糖煮西洋梨

加入白酒和檸檬，
清新爽口的甘甜讓人回味無窮。

 覆蓋一張烘焙紙以小火
煮 15 分鐘

材料（容易製作的份量）

洋梨…2 個

A | 白酒…100g
　 | 水…400g
　 | 細砂糖…100g
　 | 檸檬薄片…2 片

檸檬汁…適量

事前準備

◉將洋梨削皮，縱切成一半，挖掉芯的部分。
◉將烘焙紙剪成比鍋子直徑還要大上一圈的圓
　形，並且在上面戳幾個洞，做成紙蓋。

作法

1. 將 A 的材料放入 Vermicular 鍋中以中火加
　熱，待煮滾之後撈除浮沫，再放入瀝乾水分
　的洋梨。在表面覆上紙蓋，以小火燉煮 15
　分鐘至竹籤能輕易穿透的程度。

2. 關火後靜置放涼，然後裝入容器裡放進冰箱
　冷藏。

(MEMO)

糖煮水果使用的糖漿推薦用氣泡水稀釋過。

紅茶與紅酒風味的
糖煮黑棗

散發馥郁香氣的糖煮水果（compote）。
吸收了糖漿的黑棗果肉綿軟，滋味濃厚。

−22cm− 拿掉鍋蓋以小火煮 15 分鐘

材料（容易製作的份量）

黑棗…200g

A | 紅酒…600g
　 | 細砂糖…120g
　 | 肉桂棒…1 枝

伯爵紅茶包…3 包

事前準備

◉將烘焙紙剪成比鍋子直徑還要大上一圈的圓形，
　並且在上面戳幾個洞，做成紙蓋。

作法

1. 將 A 的材料放入 Vermicular 鍋中以中火加熱，
　待煮滾之後撈除浮沫，再放入黑棗，在表面會
　咕嘟咕嘟煮滾的狀態以小火燉 15 分鐘。

2. 等黑棗煮到變軟之後關火，再放入茶包。在表
　面覆上烘焙紙蓋住，靜置放涼，然後拿出茶
　包，最後裝入容器裡，也可以放進冰箱冷藏後
　品嚐。

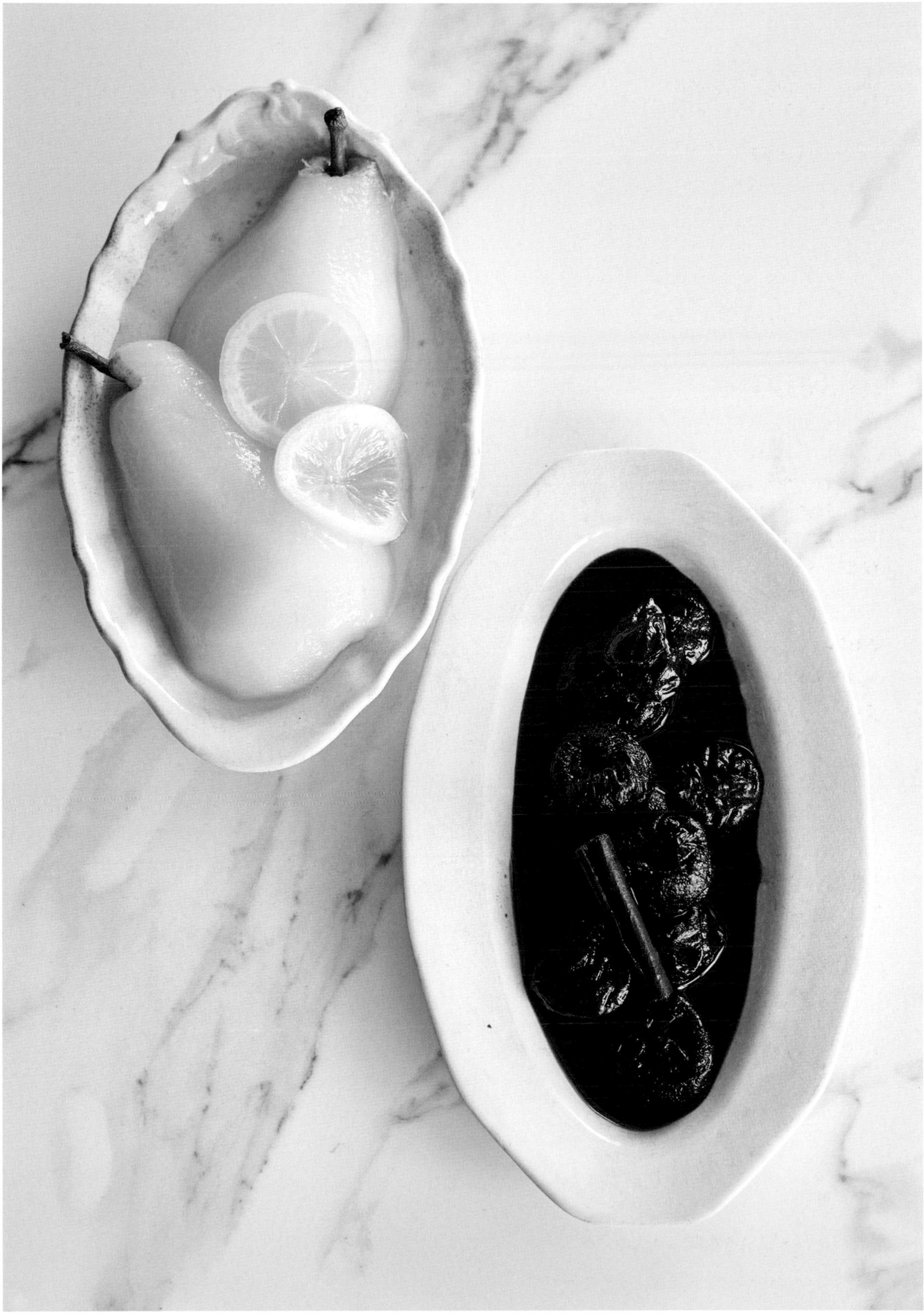

作業清單

頁數	食譜名稱	尺寸	鋪在 Vermicular 鍋裡的東西	預熱溫度
15	海綿蛋糕	18	側面抹上奶油，鍋底鋪上直徑 16cm 的烘焙紙	180 度
16	草莓水果蛋糕	—	—	—
17	開心果蛋糕	—	—	—
20	週末檸檬蛋糕	14	側面抹上奶油，鍋底鋪上直徑 13cm 的烘焙紙	180 度
22	卡斯特拉戚風蛋糕（原味&抹茶）	18	將 30cm 的四方形烘焙紙剪裁成型	200 度
24	無麵粉古典巧克力蛋糕	18	將 27cm 的四方形烘焙紙剪裁成型	180 度
26	綿軟香甜的香蕉蛋糕	18	將 30cm 的四方形烘焙紙剪裁成型	200 度
28	無花果翻轉蛋糕	18	—	200 度
30	柳橙檸檬翻轉蛋糕	18	—	200 度
32	手撕司康餅	18	將 30cm 的四方形烘焙紙剪裁成型	230 度
32	手撕比司吉	18	將 30cm 的四方形烘焙紙剪裁成型	230 度
34	巴斯克蛋糕	18	側面抹上奶油，鍋底鋪上直徑 16cm 的烘焙紙	200 度
35	布列塔尼酥餅	18	將 25cm 的四方形烘焙紙剪裁成型	200 度
36	台灣風芝麻餅乾	18	將 25cm 的四方形烘焙紙剪裁成型	180 度
37	脆皮香桃餡餅	18	—	200 度
42	卡士達布丁	14	—	170 度
43	南瓜布丁	14	—	170 度
46	英國風布丁	14	將 25cm 的四方形烘焙紙剪裁成型	180 度
48	黑松露巧克力蛋糕	18	將 27cm 的四方形烘焙紙剪裁成型	230 度
50	重乳酪蛋糕	18	將 27cm 的四方形烘焙紙剪裁成型	190 度
54	疊合派皮	—	—	—
56	蘋果派	26S	30cm 的四方形烘焙紙	230 度
57	整顆蘋果派	18	將 25cm 的四方形烘焙紙剪裁成型	230 度
60	栗子派	14	將 25cm 的四方形烘焙紙剪裁成型	230 度
62	杏桃塔	18	將 25cm 的四方形烘焙紙剪裁成型	220 度
63	揉合派塔皮的作法	—	—	—
64	法式布丁塔	18	將 27cm 的四方形烘焙紙剪裁成型	220 度
66	洋梨焦糖芙蘭派	18	將 27cm 的四方形烘焙紙剪裁成型	220 度
68	格雷伯爵茶太妃糖脆片	18	將 25cm 的四方形烘焙紙剪裁成型	190 度
69	焦糖杏仁酥餅	18	將 25cm 的四方形烘焙紙剪裁成型	190 度
70	洋蔥培根鹹派	18	將 27cm 的四方形烘焙紙剪裁成型	220 度
71	彩椒生火腿鹹派	18	將 27cm 的四方形烘焙紙剪裁成型	220 度
74	馬鈴薯鹹派	18	將 27cm 的四方形烘焙紙剪裁成型	220 度
76	咖哩蛋鹹派	18	將 27cm 的四方形烘焙紙剪裁成型	220 度
77	菠菜鮭魚鹹派	18	將 27cm 的四方形烘焙紙剪裁成型	220 度
82	濃郁滑順布丁	26S	餐巾紙	無
83	櫻桃克拉芙緹蛋糕	18	—	無
86	舒芙蕾鬆餅	14	將 25cm 的四方形烘焙紙剪裁成型，2 張	中火 30 秒
88	蒸蛋糕（原味&抹茶）	26S	鋁箔紙 3 張	無
90	香蕉椰奶果醬	22	無	無
90	紅酒無花果醬	22	無	無
92	糖煮西洋梨	22	無	無
92	紅茶與紅酒風味的糖煮黑棗	22	無	無

Part.01 · Part.02 · Part.03 · Part.04

94

※ 烘焙紙的剪裁方法請參閱 P10、P11。※ 請將烤盤放進烤箱一起預熱。

烘烤溫度（或是爐子火候）、時間	取出方式	保存期限
蓋上鍋蓋以 180℃烤 10 分鐘→拿掉鍋蓋再烤 20 分鐘	把鍋子倒扣脫模，過了 2 分鐘後再翻面	冷藏 3 天，冷凍 1 個月
—	—	冷藏 2 天
—	—	冷藏 2 天
蓋上鍋蓋以 180℃烤 10 分鐘→拿掉鍋蓋以 170℃再烤 25 分鐘	把鍋子倒扣脫模	冷藏 4 天、冷凍 2 週
蓋著鍋蓋以 180℃烤 10 分鐘→拿掉鍋蓋後，原味繼續烘烤 20 分鐘，抹茶烘烤 25 分鐘	成品連同烘焙紙一起取出	冷藏 3 天、冷凍 2 週
蓋上鍋蓋以 180℃烤 10 分鐘→拿掉鍋蓋以 170℃再烤 20 分鐘	放涼之後將成品連同烘焙紙一起取出	冷藏 3 天、冷凍 2 週
蓋上鍋蓋以 200℃烤 10 分鐘→拿掉鍋蓋以 180℃再烤 30 分鐘	成品連同烘焙紙一起取出	冷藏 2 天
蓋上鍋蓋以 200℃烤 10 分鐘→拿掉鍋蓋以 180℃再烤 25 分鐘	稍微放涼後把鍋子倒扣取出成品	冷藏 2 天、冷凍 2 週
蓋上鍋蓋以 200℃烤 10 分鐘→拿掉鍋蓋以 180℃再烤 30 分鐘	馬上把鍋子倒扣取出成品	冷藏 2 天
蓋上鍋蓋以 230℃烤 10 分鐘→拿掉鍋蓋以 210℃再烤 15 分鐘	成品連同烘焙紙一起取出	常溫 3 天、冷凍 2 週
蓋上鍋蓋以 230℃烤 10 分鐘→拿掉鍋蓋以 200℃再烤 15 分鐘	成品連同烘焙紙一起取出	常溫 3 天、冷凍 2 週
拿掉鍋蓋以 170℃烤 40 分鐘	放涼之後把鍋子倒扣取出成品	常溫 1 週、冷凍 2 週
拿掉鍋蓋以 180℃烤 40 分鐘	放涼之後將成品連同烘焙紙一起取出	常溫 2 週
拿掉鍋蓋以 170℃烤 35 分鐘	放涼之後將成品連同烘焙紙一起取出	常溫 2 週
蓋上鍋蓋以 200℃烤 10 分鐘→拿掉鍋蓋繼續烘烤 20 分鐘	—	當天
拿掉鍋蓋以 160℃烤 25 分鐘→蓋上鍋蓋以 150℃再烤 25 分鐘	—	冷藏 2 天
拿掉鍋蓋以 160℃烤 25 分鐘→蓋上鍋蓋繼續烘烤 30 分鐘	經冷藏後把鍋子倒扣取出成品	冷藏 2 天
拿掉鍋蓋以 160℃烤 40 分鐘→蓋上鍋蓋繼續烘烤 30 分鐘	成品連同烘焙紙一起取出，倒放在網架上	冷藏 2 週、冷凍 1 個月
拿掉鍋蓋以 230℃烤 15 分鐘	待稍微放涼後將成品連同烘焙紙一起取出，倒放在盤子上	冷藏 3 天、冷凍 1 個月
拿掉鍋蓋以 190℃烤 30 分鐘→再以 180℃烘烤 15 分鐘	在冰箱冷藏後，將成品連同烘焙紙一起取出	冷藏 3 天、冷凍 2 週
—	—	冷藏 2 天、冷凍 1 個月
蓋上鍋蓋以 230℃烤 15 分鐘→拿掉鍋蓋烘烤 5 分鐘→以 200℃烤 10 分鐘→以 180℃烤 25 分鐘	成品連同烘焙紙一起取出	冷藏 2 天、冷凍 2 週
蓋上鍋蓋以 230℃烤 15 分鐘→拿掉鍋蓋以 200℃繼續烘烤 30 分鐘	成品連同烘焙紙一起取出	冷藏 3 天
蓋上鍋蓋以 230℃烤 10 分鐘→拿掉鍋蓋以 220℃繼續烘烤 15 分鐘→以 190℃烤 20 分鐘	成品連同烘焙紙一起取出	常溫 2 天、冷凍 2 週
拿掉鍋蓋以 200℃烤 10 分鐘→再以 180℃烘烤 30 分鐘	成品連同烘焙紙一起取出	冷藏 3 天、冷凍 1 個月
—	—	冷藏 1 天、冷凍 1 個月
拿掉鍋蓋以 200℃烤 10 分鐘→再以 180℃烘烤 30 分鐘	稍微放涼後將成品連同烘焙紙一起取出	冷藏 2 天、冷凍 2 週
拿掉鍋蓋以 200℃烤 10 分鐘→再以 190℃烘烤 35 分鐘	稍微放涼後將成品連同烘焙紙一起取出	冷藏 2 天、冷凍 2 週
預熱 190℃→拿掉鍋蓋先以 190℃烘烤塔皮 15 分鐘→倒入太妃糖醬繼續烘烤 13 分鐘	稍微放涼後將成品連同烘焙紙一起取出	冷藏 5 天、冷凍 2 週
拿掉鍋蓋先以 190℃烘烤塔皮 15 分鐘→倒入奶醬內餡繼續烘烤 10 分鐘	稍微放涼後將成品連同烘焙紙一起取出	常溫 1 週、冷凍 2 週
拿掉鍋蓋以 220℃烤 10 分鐘→以 190℃烤 15 分鐘→撒上百里香繼續烘烤 15 分鐘	稍微放涼後將成品連同烘焙紙一起取出	冷藏 2 天、冷凍 2 週
拿掉鍋蓋以 220℃烤 10 分鐘→再以 190℃烘烤 30 分鐘	稍微放涼後將成品連同烘焙紙一起取出	冷藏 2 天、冷凍 2 週
拿掉鍋蓋以 220℃烤 10 分鐘→再以 190℃烘烤 30 分鐘	稍微放涼後將成品連同烘焙紙一起取出	冷藏 2 天
拿掉鍋蓋以 220℃烤 10 分鐘→以 200℃烤 15 分鐘→撒上起司後繼續以 180℃烘烤 15 分鐘	稍微放涼後將成品連同烘焙紙一起取出	冷藏 2 天
拿掉鍋蓋以 220℃烤 10 分鐘→再以 190℃烘烤 30 分鐘	稍微放涼後將成品連同烘焙紙一起取出	冷藏 2 天
蓋上包覆毛巾的鍋蓋以小火蒸煮 10 分鐘→關火繼續燜 15 分鐘	將成品連同容器一起取出	冷藏 2 天
蓋上包覆毛巾的鍋蓋以小火蒸煮 15 分鐘→撒上櫻桃，蓋上鍋蓋以小火蒸煮 5 分鐘，關火繼續燜 10 分鐘	—	立即食用
中火預熱 30 秒→蓋上鍋蓋以小火烹煮 6 分鐘→關火繼續燜 5 分鐘→翻面，蓋上鍋蓋以小火烹煮 3 分鐘	成品連同烘焙紙一起取出	立即食用
蓋上包覆毛巾的鍋蓋以中火蒸煮 15 分鐘	將成品連同布丁杯一起取出	常溫 2 天
拿掉鍋蓋以小火煮 13～15 分鐘	—	冷藏 1 個月
拿掉鍋蓋以小火煮 15 分鐘	—	冷藏 1 個月
覆蓋一張烘焙紙以小火煮 15 分鐘	—	冷藏 3 天、冷凍 2 週
拿掉鍋蓋以小火煮 15 分鐘	—	冷藏 2 週

TITLE

吉川文子　鑄鐵鍋點心食驗室

STAFF

ORIGINAL JAPANESE EDITION STAFF

出版	三悅文化圖書事業有限公司	ブックデザイン	細山田光宣　山本夏美
作者	吉川文子		茂木亜由美（細山田デザイン事務所）
譯者	郭蕙寧	DTP	横村 葵
		撮影	宮濱祐美子
總編輯	郭湘齡	スタイリング	花沢理恵
文字編輯	徐承義　蕭妤秦　張聿雯	編集．取材協力	丸山みき（SORA企画）
美術編輯	許菩真	編集アシスタント	大森奈津／柿本ちひろ（SORA企画）
排版	曾兆珩	編集担当	望月聡子（主婦の友社）
製版	印研科技有限公司		
印刷	龍岡數位文化股份有限公司		
法律顧問	立勤國際法律事務所　黃沛聲律師		
戶名	瑞昇文化事業股份有限公司		
劃撥帳號	19598343		
地址	新北市中和區景平路464巷2弄1-4號		
電話	(02)2945-3191		
傳真	(02)2945-3190		
網址	www.rising-books.com.tw		
Mail	deepblue@rising-books.com.tw		
初版日期	2020年5月		
定價	320元		

國家圖書館出版品預行編目資料

吉川文子 鑄鐵鍋點心食驗室 / 吉川文
子作；郭蕙寧譯. -- 初版. -- 新北市：三
悅文化圖書, 2020.05
96面；18.7X25.5公分
譯自:バーミキュラで作る幸せなお菓子
ISBN 978-986-98687-3-0(平裝)
1.點心食譜

427.16　　　　　　　109005056